建筑结构设计实战丛书

网架结构实战设计

朗筑结构　张　俊　编

中国建筑工业出版社

图书在版编目（CIP）数据

网架结构实战设计 / 朗筑结构，张俊编. -- 北京：
中国建筑工业出版社，2025.8. --（建筑结构设计实战
丛书）. -- ISBN 978-7-112-31355-6

Ⅰ. TU356.04

中国国家版本馆 CIP 数据核字第 2025KY3109 号

责任编辑：徐仲莉　王砾瑶
责任校对：芦欣甜

建筑结构设计实战丛书
网架结构实战设计
朗筑结构　张　俊　编

*

中国建筑工业出版社出版、发行（北京海淀三里河路9号）
各地新华书店、建筑书店经销
霸州市顺浩图文科技发展有限公司制版
廊坊市海涛印刷有限公司印刷

*

开本：787毫米×1092毫米　1/16　印张：9¾　字数：236千字
2025年8月第一版　　2025年8月第一次印刷
定价：**45.00**元
ISBN 978-7-112-31355-6
（45396）

前　　言

1. 刚入行的新人存在的问题

在十几年的面授班教学过程中，接触了太多的新人，笔者也是由新人一步一步走过来的，相信每一个一路走来的结构工程师在新手阶段都有如下的痛苦或是困惑：刚进入设计院时，面对专业负责人安排的工作，总感觉无从下手，或者运气好的话，好不容易在师父的指导下加班加点地完成了出图工作，但事后回想整个过程时却如同做梦一般，不知道这一切是怎么完成的，厘不清其中的来龙去脉。

出现上述问题，很大程度是由于本科教育与实践工作脱钩造成的。本科教育阶段，涉及的专业知识面很广，但各个方面还不够深入。土木工程专业的毕业生就业方向非常广，不同的就业方向所要求的专业知识又有所不同，这势必造成在本科教育阶段，专业涉及的知识面非常广但又不能够太深入的问题。因此，土木工程专业的毕业生刚走上工作岗位时，往往不能胜任工作，而这种个人能力的不足，又以进入设计院工作的毕业生最为明显。现列举一些新人常见的问题：

（1）过度依赖软件操作，忽视力学分析与设计原理；

（2）对结构体系稳定性理解不足；

（3）规范理解与执行不到位；

（4）节点设计与施工可行性考虑不周；

（5）经济性与优化意识薄弱。

2. 市面上参考书存在的问题

纵观市面上多如牛毛的专业书籍，大致可以将其分为两派：一派可以称为理论派，典型的代表是各种各样的专业教科书，由于这类书籍的目标是传授理论知识，因此仅限于介绍理论知识。毫无疑问，扎实的理论正是结构工程师们所需要的，但仅有理论知识还不足以胜任结构工程师的工作。因此，很多毕业于名校的毕业生会有这样的感受：自己毕业于名校，在学校里的成绩很优秀，年年都拿奖学金，为什么到了设计院却连一个最简单的加油站也搞不定？另一派可以称为实操派，典型的代表如《××软件入门教程》《××软件30天速成》等，看过这类书籍的读者应该感受得到，这类书籍往往只介绍软件操作步骤，更像是软件的应用手册，而结构设计这项工作可不是用软件搭个架子，计算完直接软件成图这么简单的事情，它需要结构工程师有自己的理解和判断。

这两派书籍都有各自的优点与缺陷，前者仅注重理论知识的传播，而后者又太过注重软件的操作，忽视了设计工作中的理论知识或者干脆避而不谈。两者均缺乏对设计流程的系统性指导，未将力学知识、规范、图集、施工图设计等环节整合，新人需自行摸索知识体系。这两派书籍对于想要尽快胜任结构工程师这份工作的新人而言，都是不太合适的。为此我们需要一本既能涵盖设计工作中的理论知识，同时又能指导实践操作的书籍。

3. 怎样解决上述问题

在弄清楚自身存在的问题，同时看到市面上一般参考书所存在的问题后，就要着手解决问题。对于那些不能参加各种培训班，同时又不能幸运地找到好师父的新人来说，我们希望提供一本这样的书籍：在教大家做结构设计时，不仅要教会大家实践操作，还要把理论知识灌输到学习过程中，让大家真正地学会做结构设计。

我们有着十几年的教学经验，在与学生面对面的交流过程中，深刻地认识到新人存在的问题，同时非常理解他们的困惑。通过培训，学员们解决了自己的问题，解开了自己的困惑，顺利地走上了属于自己的结构设计之路。既然我们的教学能达到如此效果，那么有理由相信，这本书也可以实现我们的目标。

这本书是笔者多年教学经验的总结，在手把手地教大家做结构设计的过程中，既要教会大家常用软件的操作，也要教会大家每一步操作背后的设计原理。这既是我们的目标，也是大家的愿望。

为了实现这个目标，在本书中，我们将以一个完整的项目，从拿到建筑方案开始进行结构选型，一步步进行结构布置、建模计算……直至最终的施工图设计。通过一个完整的设计过程，既把实践操作教给了大家，也把设计理论蕴含其中，让大家真正地学会做结构设计。

本书配套视频联系朗筑客服微信：18971123050 索要，本书理解过程中的任何问题，可以加朗筑钢结构设计交流 QQ 群：762306632，更多钢结构学习视频和工具资料可百度搜索"朗筑"官网，进入"教学视频"专区和"资料下载"专区进行下载，关注朗筑抖音（抖音号：26429956928）或视频号（微信视频号搜索：朗筑）可观看直播。朗筑公众号可在微信服务号中搜索"朗筑"关注。

2025 年 3 月　武汉

目　录

1 如何设计一套正确的网架施工图?

1.1 网架设计的现状以及存在的问题

1. 行业现状

(1) 市场规模与增长趋势

中国网架行业近年来呈现高速发展态势,尤其是轻型钢网架和大中型网架市场。据预测,2025 年网架轻钢结构市场规模将突破万亿元,复合增长率达两位数。增长驱动力主要来自城市化进程加速、绿色建筑政策支持(如装配式建筑推广)以及大型公共建筑(如体育场馆、交通枢纽)的需求激增。

(2) 技术应用与创新

材料创新:高性能钢材(如高强钢、铝合金)和复合材料(碳纤维、玻璃纤维增强塑料)的应用显著提升了网架的强度、轻量化及耐腐蚀性。

结构优化:空间网格结构、索膜结构等新型设计逐渐普及,兼顾美观与功能性,例如北京鸟巢和上海东方体育中心等标志性项目。

数字化技术:BIM(建筑信息模型)和数字孪生技术开始融入设计流程,提升设计精度和施工效率。

(3) 应用领域扩展

网架设计从传统的工业厂房、仓库扩展至民用住宅、商业综合体、水利工程(如国家水网建设)等领域,尤其是在装配式建筑中占比逐年提升。

2. 存在的问题

(1) 设计协调与标准化不足。

设计与施工脱节:部分项目由专项施工企业完成设计,而总设计单位仅负责审核,导致设计意图与施工可行性冲突,可能引发结构隐患。

标准化缺失:新型材料和结构(如空间网格)缺乏统一的设计标准,部分企业沿用传统标准,难以适应创新需求。

(2) 技术挑战与材料局限。

复杂结构计算难题:大跨度网架(如双层网壳)的稳定性分析、抗震性能模拟对设计软件和人员专业度要求极高,部分企业技术储备不足。

材料适配性问题:复合材料应用尚处于探索阶段,其长期耐久性、连接节点处理等缺乏实践经验,可能引发维护成本增加。

(3) 施工质量与安全风险。

安装精度问题:螺栓球节点网架虽施工便捷,但若加工精度不足或安装误差累积,易导致整体结构失稳。

环保与安全压力:传统焊接工艺产生污染,部分企业为压缩成本忽视环保标准;同时,设计缺陷可能引发建筑安全风险,如荷载计算错误或节点强度不足。

行业集中度低：中小型企业占比较高，部分企业技术能力薄弱，依赖低价竞争，影响整体设计质量。

（4）认为任何构件只要截面越大越好，其实这里有很大的误区。比如，不能追求某个构件绝对的大，也就是不能把主体结构的某个构件做得太强大，例如有的人在设计网架时，一味地加大某根杆件的截面，这就造成与之相邻的杆件相对薄弱，严重的刚度不匹配，造成构件承载力严重不均匀现象。

（5）对于规范的一些规定直接无视，有的是理解不到位。比如，对于雪荷载的大小，荷载规范中明确规定了什么情况下要考虑不均匀系数，可是有的钢结构设计师完全无视或者忽视其性质，这就造成只要一下大雪，有的加油站、雨篷、高低跨厂房被雪压垮了，有些地方甚至还在用 50 年一遇的雪荷载取值，完全没有明白规范的意图。

（6）只重视大的计算分析软件，不重视小的计算软件或者手算的技能。对于很多软件不能考虑的情况，或者施工现场经常出现的变更或者施工中出现的错误，不经过手算或者小软件计算校核就"拍脑袋"行还是不行，这主要是不清楚计算分析软件的局限性，也不清楚自己当初设计此构件的前提是什么，对于现场的实际情况根本无心也无力解决，这就导致解决了旧问题又出现了新问题，这也是忽视受力分析只相信软件操作的严重弊端。

现行市场上的钢结构丛书林林总总，但要么纯谈理论，让人不知所云，让新人觉得钢结构太难了；要么纯操作，对于设计中的力学知识、设计原理以及规范要求根本不提，新手们在学习过程中很容易被误导成钢结构设计就是软件操作，觉得钢结构设计不过尔尔，太容易了，这对于钢结构设计新手的成长或者对于中国的钢结构设计发展都是极其不利的。

朗筑结构根据多年的教学经验，首创钢结构设计＝钢结构力学知识＋钢结构相关设计理论＋钢结构相关规范＋钢结构相关图集＋软件操作＋计算分析＋施工图设计的课程教学体系，如图 1-1 所示，让新人从一开始就接受正确的设计思想，形成良好的分析问题、解决问题的习惯。

1.2 网架施工图设计的正确方法和流程（图 1-1）

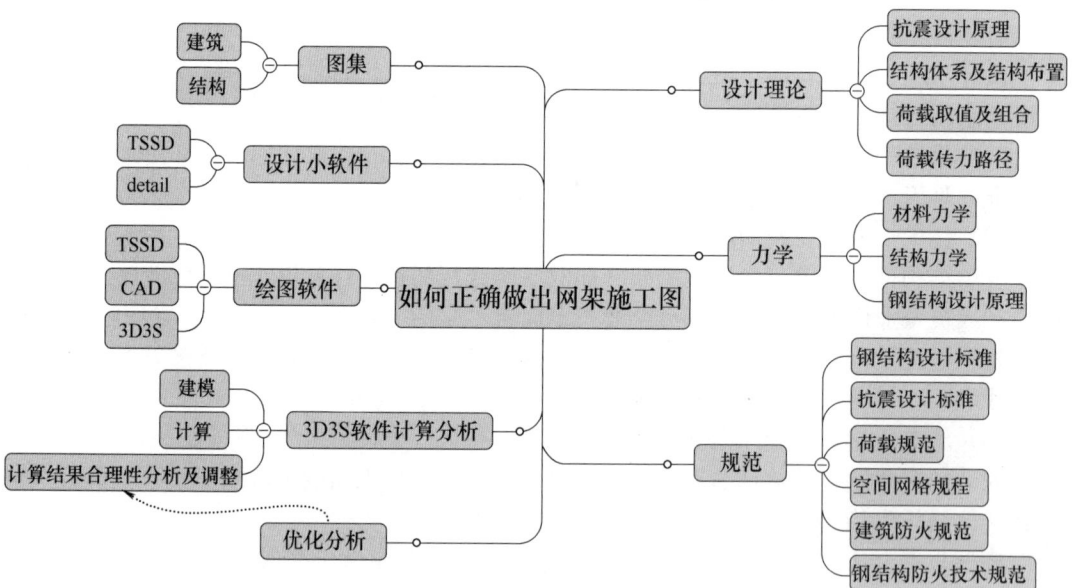

图 1-1 网架施工图的设计流程

2

2 策划结构方案

本加油站网架位于北京市，具体技术条件详见本书第5章第1节，效果图见图2-1。

2.1 网架效果图

图 2-1 加油站网架效果图

2.2 网架结构方案确定

2.2.1 为什么采用轻型屋面？

1. 泄爆功能需求

压力释放原理：当加油站发生油气泄漏引发爆炸时，爆炸产生的瞬间高压需要通过特定泄压结构快速释放，以降低对建筑主体结构的破坏。轻型屋面（如彩钢板、金属复合板等）通常被设计为"泄爆面"，在特定压力下能优先破裂或掀开，形成泄压通道，避免压力在室内积聚。

混凝土屋面的局限性：混凝土屋面强度高、自重大，难以在爆炸时及时破裂泄压。若压力无法释放，可能导致建筑结构整体坍塌或周边设备严重损坏，增加人员伤亡风险。

2. 规范要求

国家标准与行业规范：《建筑设计防火规范》GB 50016—2014（2018年版）和《石油化工企业设计防火标准》GB 50160—2008（2018年版）等均规定，存在爆炸危险的场所需设置泄压设施，且泄压面积需根据爆炸危险等级计算确定。轻型屋面材料（如密度≤60kg/m³ 的夹芯板）常被选作泄压面的合规方案。

泄压面积计算：轻型材料的泄压效率更高，可在有限面积内满足规范要求的泄压比（如 $0.05\sim0.22m^2/m^3$），而混凝土难以达到这一指标。

3. 结构与成本优势

轻量化设计：轻型屋面自重轻，对支撑结构要求低，可减少钢材用量，降低整体建造成本。

施工便捷性：轻型板材易于切割、安装，满足加油站这类小型建筑物的快速施工需求。

维护与修复：若发生泄爆，轻型屋面局部更换成本低，而混凝土屋面修复复杂且周期长。

4. 其他安全考量

减少次生伤害：轻型材料破裂后碎片质量小，飞散距离短，可降低对周围人员和设备的二次伤害风险。

2.2.2 为什么采用混凝土柱？

加油站采用混凝土柱作为支撑结构，主要基于以下关键因素：

1. 防火安全

加油站储存大量易燃油品，火灾风险较高。混凝土在高温下仍能保持较高的结构完整性（通常耐火极限达 2～4h），而钢材在高温下会迅速软化（约 540℃时强度下降 50％），可能引发顶棚坍塌。混凝土柱为人员疏散和灭火争取了关键时间。

2. 防汽车撞击

在设计中要充分考虑各种意外事件，比如汽车可能对柱子的冲击。而混凝土柱由于自身的材料特性，相较于钢柱有天然的优势。对于 24h 运营的加油站，减少了因撞击的意外事件而导致的停业损失。

3. 耐腐蚀性

汽油、柴油等油品及添加剂具有化学腐蚀性，且加油站常年暴露于雨雪、盐分（沿海地区）等环境中。混凝土通过致密配合比和表面处理可有效抵抗腐蚀，而钢柱需依赖镀层或涂层，维护成本较高且易因破损导致锈蚀。

4. 结构稳定性与经济性

混凝土柱自重较大，抗侧向力（如强风、地震）性能优异。以 10m 高柱为例，混凝土柱水平位移通常比同尺寸钢柱小 30％～50％，减少顶棚晃动风险。同时，混凝土材料成本低于钢材（部分地区差价可达 20％～30％），且施工工艺成熟，适合标准化建设。

5. 低维护需求

混凝土柱无须定期防锈处理，设计寿命可达 50 年以上，全生命周期维护成本相比钢柱降低约 40％。对于 24h 运营的加油站，减少了因维护导致的停业损失。

6. 规范合规性

多数国家建筑规范（如美国《易燃和可燃液体标准》NFPA 30—2021、我国《汽车加油加气加氢站技术标准》GB 50156—2021）明确要求加油站顶棚支撑结构需使用不燃材料。混凝土的 A1 级防火性能天然符合要求，而钢结构需额外增加防火涂层（成本增加15％～25％）。

2.2.3 为什么屋面采用网架而非井字形钢梁？

加油站屋面采用网架结构而非传统的井字形钢梁，主要基于以下方面的综合考量：

1. 大跨度空间的适应性

网架结构优势：网架是一种空间受力体系，通过三维杆件的组合将荷载均匀传递至支撑点，整体刚度和稳定性强。加油站通常需要较大的无柱空间（覆盖加油区、车道等），网架能轻松实现 20～40m 跨度而无须中间支撑，且结构高度低，节省竖向空间。

井字梁的局限性：井字梁为平面受力结构，依赖梁的弯曲刚度，大跨度时需增大梁截面或设置支撑柱，导致材料浪费或影响车辆通行灵活性。

2. 材料经济性与轻量化

网架的高效受力：网架构件以轴向受力（拉/压）为主，材料强度利用率可达 90％以上，相同跨度下用钢量比井字梁减少 20％～30％，显著降低造价。

井字梁的材料冗余：梁结构以受弯为主，需通过增大截面惯性矩抵抗弯矩，导致钢材浪费，尤其是在长跨度时经济性较差。

3. 施工便捷性与工期优势

预制化与模块化：网架杆件和节点可工厂预制，现场螺栓连接或焊接组装，施工速度快（如标准加油站网架屋面可在 1～2 周内完成吊装），减少现场作业对加油站运营的影响。

井字梁施工复杂度：需现场焊接主次梁，高空作业多，工期长，且质量受焊接工艺影响较大，增加施工风险。

4. 功能扩展与灵活性

管线与设备的集成：网架的空隙便于集成照明、监控、消防喷淋等管线，无须额外吊顶，降低层高需求。井字梁下方需单独布置管线，影响美观或空间利用率。

可扩展性：未来若需扩建（如增加罩棚面积），网架可通过延伸单元快速实现，而井字梁需重新设计支撑结构。

5. 美观与品牌形象

现代感与轻盈视觉：网架的几何形态（如双向正交、三角锥等）赋予屋顶科技感，符合加油站品牌升级需求（如壳牌、中石油的标准化形象）。井字梁结构厚重，视觉效果较为呆板。

透光设计可能性：网架可局部嵌入采光板，实现自然照明，而井字梁因密布横梁而难以实现均匀采光。

6. 抗震性能

网架的自振频率高，地震作用下动力响应小，冗余杆件提供多路径传力，抗震性能优于平面梁结构。

7. 维护成本与耐久性

防腐与清洁：网架表面可整体喷涂防腐涂层（如热浸镀锌），维护周期长。杆件排列规整，不易积灰。井字梁的复杂节点易堆积污染物，增加清洁难度。

局部维修便利性：若局部杆件损坏，网架可通过更换单根杆件快速修复，而井字梁需切割焊接，影响整体结构。

综上所述，将网架结构和井字梁结构汇总，见表 2-1。

网架结构与井字梁结构汇总表   表 2-1

对比项	网架结构	井字梁结构
跨度经济性	＞30m 仍高效	通常＜20m
用钢量	80～120kg/m²	120～180kg/m²
施工周期	1～2 周(预制)	3～4 周(现场焊接)
空间利用率	无遮挡,净空高	梁高占用空间
抗震性能	多向传力,冗余度高	平面刚度依赖节点
综合造价	低(跨度越大,优势越明显)	较高(人工与材料成本)

2.2.4 力学分析优化混凝土柱的位置

1. 若柱沿网架周边布置（图 2-2）

2. 柱内移增加网架悬挑部分（图 2-3）

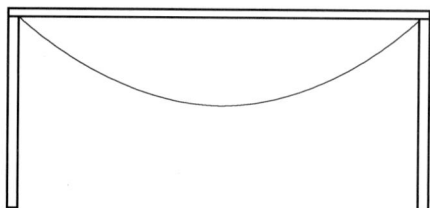

图 2-2 柱沿网架周边布置弯矩示意图

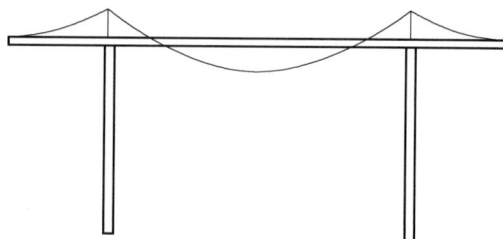

图 2-3 网架带悬挑部分弯矩示意图

从图 2-2 及图 2-3 弯矩图对比可以看出,如果不带悬挑,整个弯矩近似于简支梁受力,其最大弯矩远大于带有悬挑的网架最大弯矩。点支承的网架与无梁楼盖受力有相似之处,应尽可能设计成带有一定长度的悬挑网格,这样可使跨中正弯矩和挠度减少,并使整个网架的内力趋于均匀。经计算表明,对单跨多点支承网架,其悬挑长度宜取中间跨度的 1/3;对于多点支承的连续跨网架,取其中间跨度的 1/4 较为合理。在实际工程中,还应根据具体情况综合考虑确定。点支承主要适用于体育馆、展览厅等大跨度公共建筑,也适用于大柱网工业厂房。

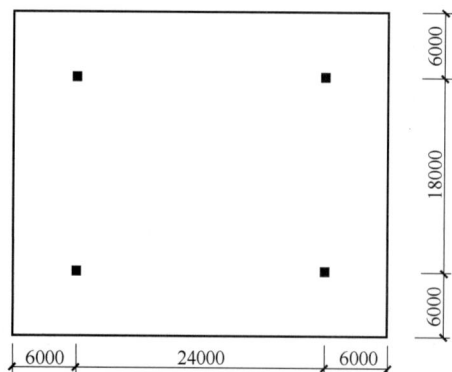

图 2-4 混凝土柱定位示意图

本项目网架为 30m×36m,网格尺寸取 3m(详见后面章节论述),柱距为 18m×24m,两侧外悬挑均为 6m,基本符合外挑长度为中间跨度的 1/4～1/3,柱位最终确定如图 2-4 所示。

3　网架基础知识

3.1　网架设计中常用的词汇

为了帮助初学者尽快熟悉一些专业词汇，现总结在网架设计中常用的一部分词汇。

1. 空间网格结构

按一定规律布置的杆件、构件通过节点连接而构成的空间结构，包括网架、曲面型网壳以及立体桁架等。

2. 网架

按一定规律布置的杆件通过节点连接而形成的平板型或微曲面型空间杆系结构，主要承受整体弯曲内力。如图 3-1 所示。

图 3-1　网架示意图

3. 交叉桁架体系

以二向或三向交叉桁架构成的体系。如图 3-2 所示。

图 3-2　交叉桁架示意图

4. 四角锥体系

以四角锥为基本单元构成的体系。如图 3-3、图 3-4 所示。

图 3-3　正放四角锥现场安装示意图

5. 网壳

按一定规律布置的杆件通过节点连接而形成的曲面状空间杆系或梁系结构，主要承受整体薄膜内力。如图 3-5 所示。

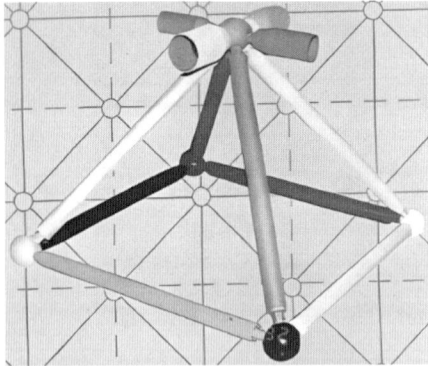

图 3-4　正放四角锥单元示意图

图 3-5　单层网壳示意图

6. 球面网壳

外形为球面的单层或双层网壳结构。如图 3-6 所示。

图 3-6　球面网壳示意图

7. 圆柱面网壳

外形为圆柱面的单层或双层网壳结构。如图 3-7 所示。

图 3-7　圆柱面网壳示意图

8. 联方网格

由二向斜交杆件构成的菱形网格单元。如图 3-8 所示。

9. 肋环型

球面上由径向与环向杆件构成的梯形网格单元。如图 3-9 所示。

图 3-8　联方网格示意图

图 3-9　肋环型网格示意图

10. 肋环斜杆型

球面上由径向、环向与斜杆构成的三角形网格单元。如图 3-10 所示。

11. 三向网格

由三向杆件构成的类等边三角形网格单元。如图 3-11 所示。

图 3-10　肋环斜杆型示意图

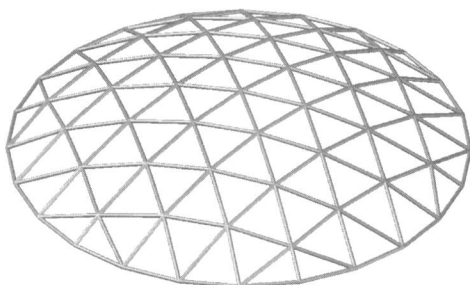

图 3-11　三向网格示意图

12. 立体桁架

由上弦、腹杆与下弦杆构成的横截面为三角形（图 3-12）或四边形的格构式桁架。

图 3-12 三角管桁架示意图

网架中涉及屋面墙面附属部分的专业词汇可参见《门式刚架结构实战设计》（第三版）相关内容，此处不再赘述。

3.2 网架中常见的基本构件

网架结构工程是一个系统工程，它包括设计、加工制造和施工安装三个过程；其中网架结构包含的具体内容有杆件系统、节点系统和围护系统三大方面。如图 3-13 所示。

3.2.1 杆件系统

网架杆件（图 3-14）系统包含上弦杆、下弦杆、斜腹杆。

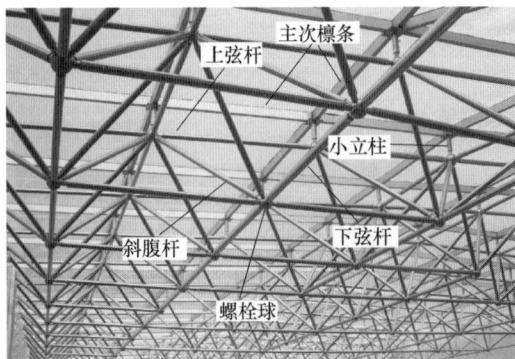

图 3-13 网架结构示意图

图 3-14 网架杆件示意图

1. 弦杆

（1）弦杆的定义

网架弦杆是指位于网架结构上下表面的杆件，通常构成结构的顶层和底层，形成类似"弦"的连续受力构件。它们与连接上下弦的腹杆共同组成空间网格体系，常见于大跨度建筑（如体育馆、机场、展览馆等）。

（2）弦杆的作用

弦杆主要承担轴向拉压力，其中上弦杆通常受压，承受来自屋面荷载的压力；下弦杆通常受拉，平衡上弦压力并传递荷载至支座。弦杆协同腹杆，与斜向或垂直的腹杆形成桁架单元，将荷载高效传递至支撑点。

弦杆固定于网架边缘，确保结构几何形状不变，防止局部或整体失稳，尤其是在承受不对称荷载时。弦杆的布置（如正交、斜交或三角形网格）直接影响结构刚度和跨度能力。合理的网格设计可优化荷载分布，减少变形。

（3）弦杆的重要性

1）弦杆是结构安全的核心。它是主要传力路径，其强度、稳定性直接决定网架能否承受设计荷载（如自重、风荷载、地震作用）。若弦杆失效，可能导致整体坍塌。

2）经济性的关键。合理的弦杆设计可优化材料用量，降低造价。例如，通过调整网格尺寸或采用高强度钢材，可在保证安全的同时减轻结构自重。

3）适应复杂造型。弦杆的灵活布置（如曲线形、异形网架）可满足多样化建筑美学需求，同时保持结构合理性。

2. 腹杆

（1）腹杆的定义

在网架结构中，腹杆扮演着至关重要的角色。那么，什么是腹杆呢？腹杆，顾名思义，是位于网架结构上下弦杆之间的杆件。这些杆件可分为竖杆和斜杆，它们通过节点连接，与上弦杆和下弦杆共同构成网架的基本骨架。

（2）腹杆的作用

腹杆在网架结构中主要承担两大作用：连接和支撑。首先，作为连接件，腹杆将上弦杆和下弦杆紧密地连接在一起，形成一个整体受力体系。这种连接方式能够有效地传递和分散网架结构中的荷载，使整个结构受力更加均匀，从而提高结构的承载能力。其次，腹杆还起到支撑作用。它们通过自身的刚度和强度，为网架结构提供必要的支撑，抵抗外部力的作用，防止结构发生变形或破坏，确保结构的稳定性和安全性。

（3）腹杆的重要性

腹杆在网架结构中的重要性不言而喻。首先，它们是网架结构稳定性和承载能力的重要保障。通过合理的腹杆设计，可以优化网架结构的性能，如改善结构的受力分布，提高整体稳定性，以及增强承载能力和抗震性能。其次，腹杆的存在也使得网架结构更加灵活多变，能够适应不同的建筑需求和空间布局。

3.2.2 节点系统

网架结构的节点主要有螺栓球节点、焊接球节点、焊接钢板节点、毂节点、铸钢节点等，现以最常见的螺栓球节点和焊接球节点为例进行说明。

1. 螺栓球节点

由螺栓球、高强度螺栓、销钉（或螺钉）、套筒、锥头或封板等零部件组成的机械装配式节点。如图 3-15、图 3-16 所示。

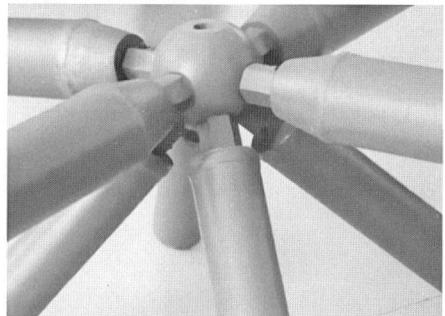

图 3-15 螺栓球节点连接示意图

11

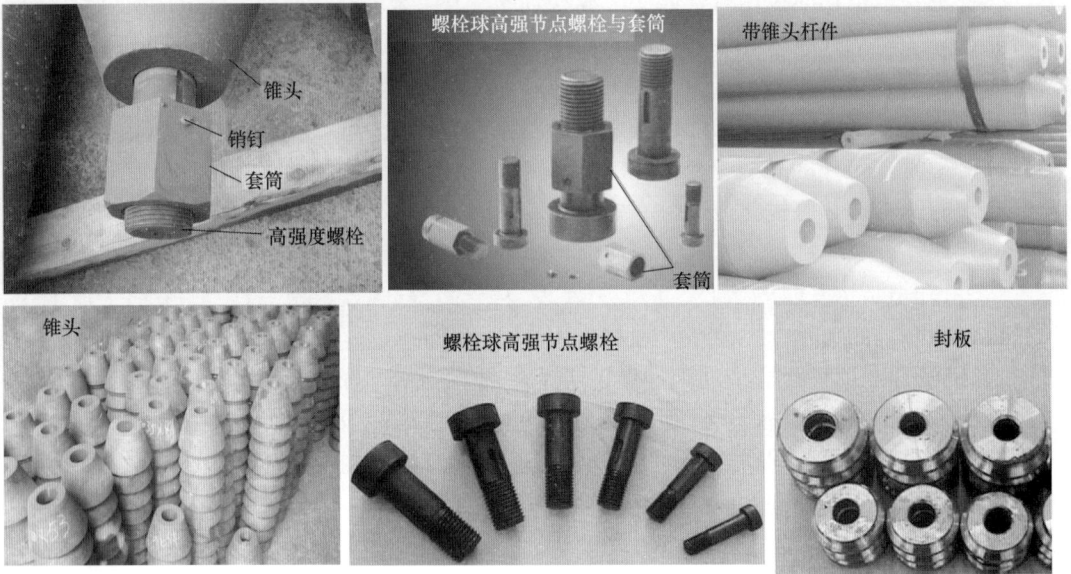

图 3-16　螺栓球连接件示意图

2. 焊接球节点

由两个热冲压钢半球加肋或不加肋焊接成空心球的连接节点。如图 3-17、图 3-18 所示。

图 3-17　焊接空心球带加劲肋示意图

图 3-18　焊接空心球不带加劲肋示意图

3.2.3　围护系统

网架的围护系统和门式刚架围护系统类似，可参见《门式刚架结构实战设计》（第三版）相关内容，此处不再赘述。

4 网架综论

4.1 网架分类

4.1.1 按弦杆层数

网架结构按弦杆层数不同，可分为双层网架和三层网架（图 4-1）。双层网架是由上弦层、下弦层和腹杆层组成的空间结构，是最常用的一种网架结构。

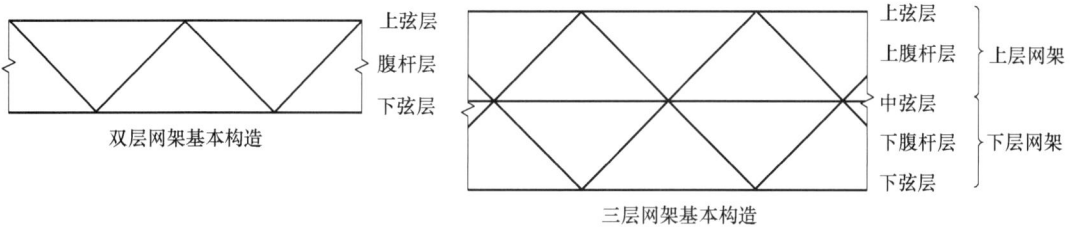

图 4-1 双层及三层网架示意图

三层网架强度和刚度相比双层刚架提高很大，但是三层网架构造较繁琐，节点和杆件数量多，中层节点上连接的杆件较密。因此主要用于特殊边界支承或者跨度过大的情况。研究计算表明：在实际应用时，如果跨度 $l>50\mathrm{m}$，酌情考虑；当跨度 $l>80\mathrm{m}$ 时，应当优先考虑。

4.1.2 按支承形式

1. 周边支承网架

周边支承网架是目前采用较多的一种形式，所有边界节点都搁置在柱或梁上，传力直接，网架受力均匀，如图 4-2 所示。当网架周边支承于柱顶时，网格宽度可与柱距一致；当网架支承于圈梁时，网格的划分比较灵活，可不受柱距影响。

2. 点支承网架

一般有四点支承和多点支承两种情形，由于支承点处集中受力较大，宜在周边设置悬挑，以减小网架跨中杆件的内力和挠度。如图 4-3 所示。

3. 周边支承与点支承组合

一般指在点支承网架中，当周边没有围护结构和抗风柱时，可采用周边支承与点支承混合的形式。这种支承方式适用于厂房和展览厅等公共建筑。如图 4-4 所示。

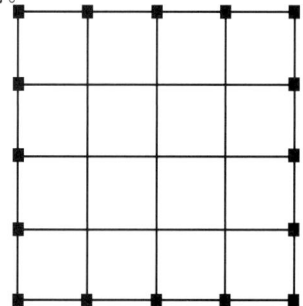

图 4-2 周边支承示意图

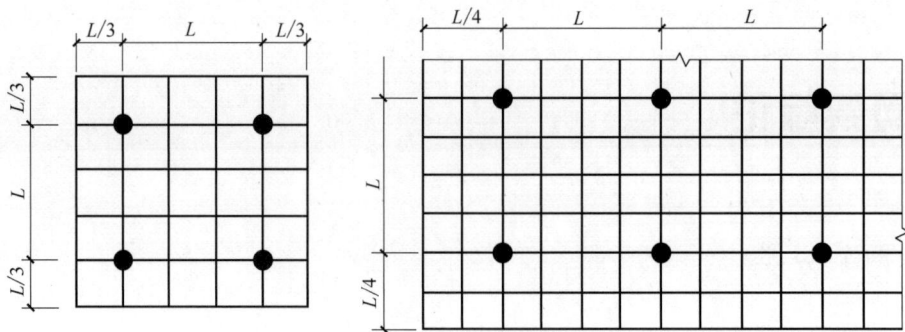

图 4-3 四点及多点支承示意图

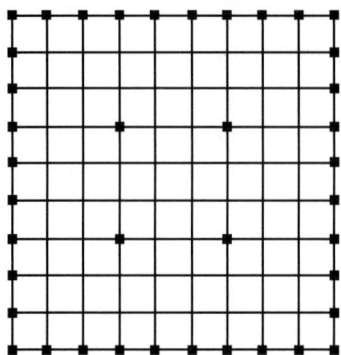

图 4-4 周边支承与点支承示意图

4. 三边支承或两对边支承

在矩形建筑中，由于考虑扩建的可能性或由于建筑功能的要求，需要在一边或两对边上开口，因而使网架仅在三边或两对边上支承，另一边或两对边处理成自由边（图 4-5）。在自由边附近增加网架的层数［图 4-6（a）］，或者在自由边加设托梁、托架［图 4-6（b）］。对于中、小型网架，亦可选择增加网架高度或局部加大杆件截面等方法给予改善和加强。

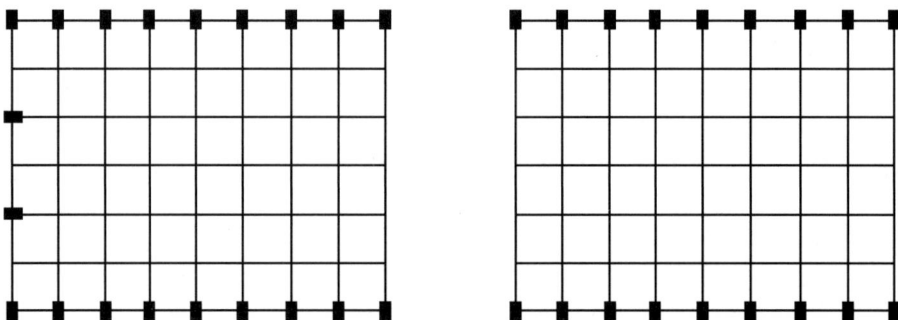

图 4-5 三边支承或两对边支承示意图

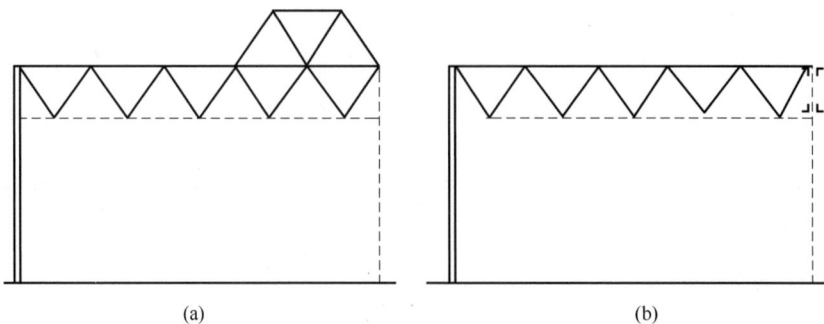

(a)   (b)

图 4-6 自由边增加刚度做法示意图

4.1.3 按不同跨度

《空间网格结构技术规程》JGJ 7—2010（以下简称《空间网格规程》）1.0.2 条条文说明：对空间网格屋盖结构的跨度划分为：大跨度为 60m 以上；中跨度为 30m～60m；小跨度为 30m 以下。

之所以要进行上述分类，是因为规范中很多条文都需要用到这些概念。比如 8 度区考虑地震作用时，周边支承的中小跨度网架要考虑竖向地震计算，这时候什么是周边支承、什么是中小跨度就显得很重要了。

4.1.4 按网格类型

1. 平面桁架系网架

平面桁架系网架是由平面桁架交叉组成的。根据平面形状和跨度大小、建筑设计对结构刚度的要求等情况，网架可由两向平面桁架或三向平面桁架交叉而成，如图 4-7 所示。

从图 4-7 中可以看出，这类网架上下弦杆的长度相等，而且其上下弦杆和腹杆位于同一垂直平面内。竖杆受压，斜杆受拉。斜腹杆与弦杆类角宜在 40°～60°。在各向平面桁架的交点处（即节点处）有一根共用的竖杆。连接上下弦节点的斜腹杆的倾斜方向应布置成使杆件受拉，这样受力较为有利。

根据上述原则，结合下部结构的具体条件，有下述五种平面桁架系网架：

（1）两向正交正放网架（图 4-8），是由两个方向的平面桁架交叉组成的。各向桁架的交角呈 90°。在矩形建筑平面中应用时，两向桁架分别与建筑物两个方向的建筑轴线垂直或平行。这类网架两个方向桁架的节间宜布置成偶数。如为奇数网格，则其中间节间应做成交叉腹杆。另外，在其上弦平面的周边网格中应设置附加斜撑，以传递水平荷载。当支承节点在下弦节点时，下弦平面内的周边网格也应设置此类杆件。

《空间网格规程》3.2.7 条：当采用两向正交正放网架，应沿网架周边网格设置封闭的水平支撑。

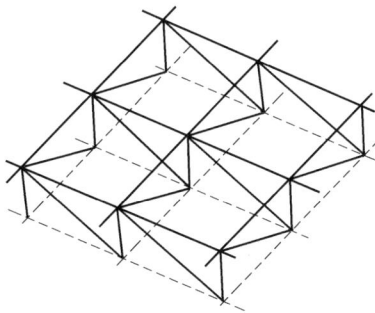

图 4-7　平面桁架系网架的构成　　　　图 4-8　两向正交正放网架

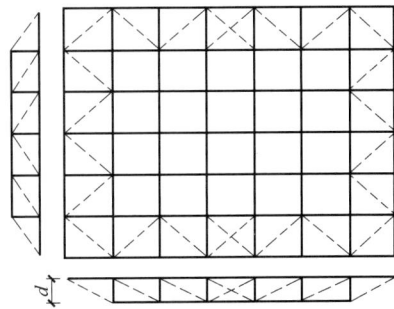

（2）两向正交斜放网架（图 4-9），是由两个方向的平面桁架交叉而成的，其交角呈 90°，它与两向正交正放网架的组成方式完全相同，只是将它在建筑平面上放置时转动 45°，每向平面桁架与建筑轴线的交角不再是正交而呈 45°。

两向正交斜放网架中平面桁架与边界斜交，各片桁架长短不一，靠近角部的短桁架相

15

对刚度较大，对与其垂直的长桁架有一定的弹性支承作用，从而减小了长桁架中部的正弯矩。在周边支承情况下，它相比两向正交正放网架刚度大、用料省。对于矩形平面，其受力也较均匀。当长桁架直通角柱时，如图4-9（a）所示，四个角支座会产生较大的向上拉力，设计中应予以注意。如图4-9（b）所示布置，拉力可由两榀桁架承受。

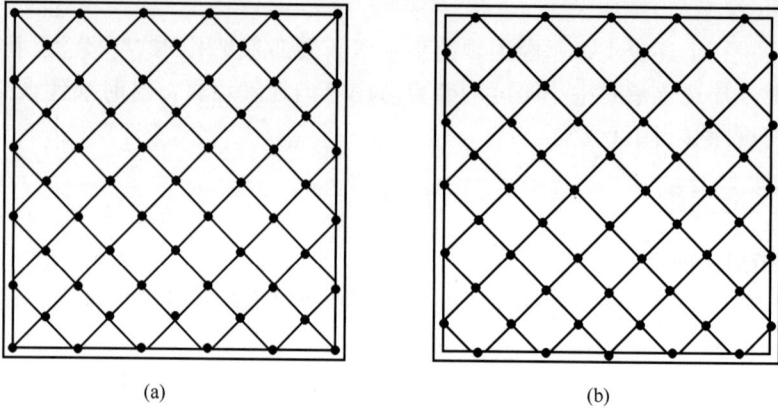

(a)　　　　　　　　　　　　　(b)

图 4-9　两向正交斜放网架

（3）两向斜交斜放网架（图4-10），是由两个方向的平面桁架交叉组成的。但其交角不是正交，而是根据下部两个方向支承结构的间距变化，两向桁架的交角可呈任意角度。这类网架节点构造复杂，受力性能也不理想，只有当建筑要求长宽两个方向的支承间距不等时才采用。

（4）三向网架（图4-11），是由三个方向的平面桁架相互交叉而成的。其相互交叉的角度呈60°。网架的节点处均有一根三个方向平面桁架共用的竖杆。

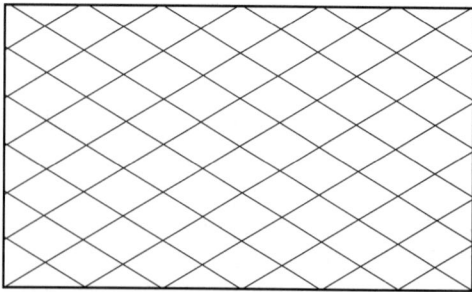

图 4-10　两向斜交斜放网架

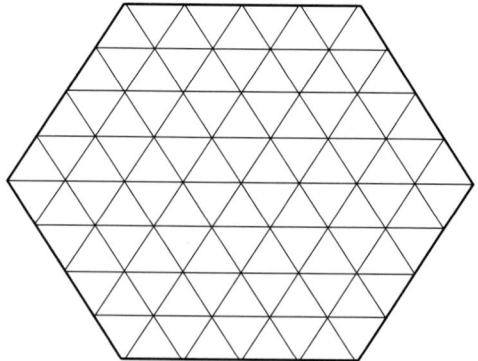

图 4-11　三向网架

这类网架的网格一般呈正三角形。由于各向桁架的跨度及节间数各不相同，故各榀桁架的刚度也各异，因而受力性能很好，整个网架的刚度也较大。但是三向网架每个节点处汇交的杆件数量较多，最多达13根，故节点构造比较复杂。宜采用钢管杆件及焊接空心球节点。

三向网架适用于三角形、六边形、多边形和圆形且跨度较大的建筑平面。当用于圆形平面时，周边将出现一些不规则网格，需另行处理。三向网架的节间一般较大，有时可达6m以上。

16

（5）单向折线形网架（图 4-12），是由一系列平面桁架互相倾斜交成 V 形而构成的。也可看作是将正放四角锥网架取消了纵向的上下弦杆。它只有沿跨度方向的上下弦杆，因此呈单向受力状态。但它相比单纯的平面桁架刚度大，不需要布置支撑体系，所有杆件均为受力杆件，截面由计算确定。为加强其整体刚度，构成一个完整的空间结构，其周边还需按图 4-12 所示增设部分上弦杆件。

单向折线形网架，由于其主要呈单向受力状态，故适宜在较狭长的建筑平面中采用。

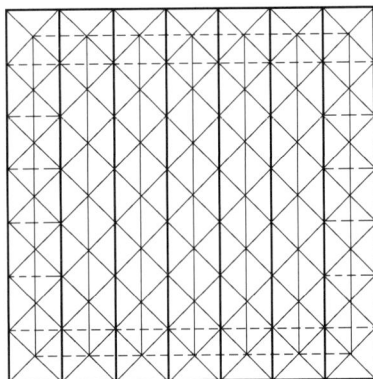

图 4-12　单向折线形网架

2. 四角锥系网架

四角锥系网架是由若干倒置的四角锥按一定规律组成（图 4-13）。网架上下弦平面均为方形网格，上、下弦网格相互错开半格，下弦节点均在上弦网格形心的投影线上，与上弦网格四个节点用斜腹杆相连。通过改变上下弦的位置、方向，并适当地抽取一些弦杆和腹杆，可得到各种形式的四角锥网架。这类网架的腹杆一般不设竖杆，只有斜杆。仅当部分上、下弦节点在同一竖直直线上时，才需要设置竖腹杆。

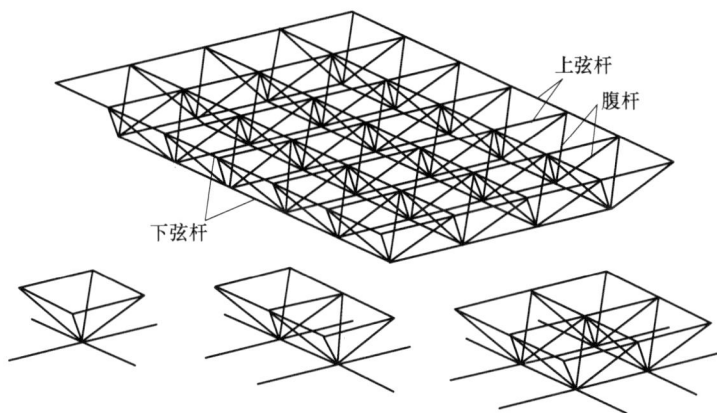

图 4-13　四角锥系网架的组成

这类网架共有六种形式，即：正放四角锥网架、正放抽空四角锥网架、单向折线形网架、斜放四角锥网架、棋盘形四角锥网架、星形四角锥网架。现列举最常见的正放四角锥网架和斜放四角锥网架进行说明。

（1）正放四角锥网架

正放四角锥网架（图 4-14）是以倒置的四角锥体为组成单元，锥底的四边为网架上弦杆，锥棱为腹杆，各锥顶相连即为下弦杆。建筑平面为矩形时，上、下弦杆均与边界平行（垂直）。上、下节点均分别连接 8 根杆件，如果网格两个方向尺寸相等，腹杆与下弦平面夹角为 45°，即 $h = \sqrt{2}/2 \times s$（h 为网架高度，s 为网格尺寸），上、下弦杆和腹杆长度均相等，使杆件标准化。

正放四角锥网架空间刚度比其他类型四角锥网架及两向网架大，用钢量可能略高些。

17

这种网架因杆件标准化、节点统一化，便于工厂化生产，在国内外得到广泛应用，也是规范第一顺位推荐的网架形式。

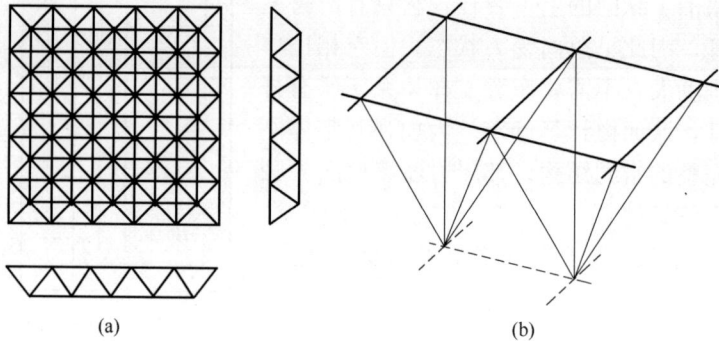

图 4-14 正放四角锥网架

（2）斜放四角锥网架

斜放四角锥网架（图 4-15）也是由倒置四角锥组成的，上弦网格呈正交斜放，下弦网格呈正交正放，即下弦杆与边界垂直（或平行），上弦杆与边界呈 45°夹角。这种网架的上弦杆长度等于下弦杆长度的 $\sqrt{2}/2$ 倍。在周边支承情况下，上弦杆受压，下弦杆受拉，该网架体现了长杆受拉，短杆受压，因而杆件受力合理。此外，节点处汇交的杆件相对较少（上弦节点 6 根，下弦节点 8 根）。当网架高度为下弦杆长度一半时，上弦杆与斜腹杆等长。这种网架适合于周边支承的情况，节点构造简单，杆件受力合理，用钢量较省，也是国内工程中应用较多的一种形式。

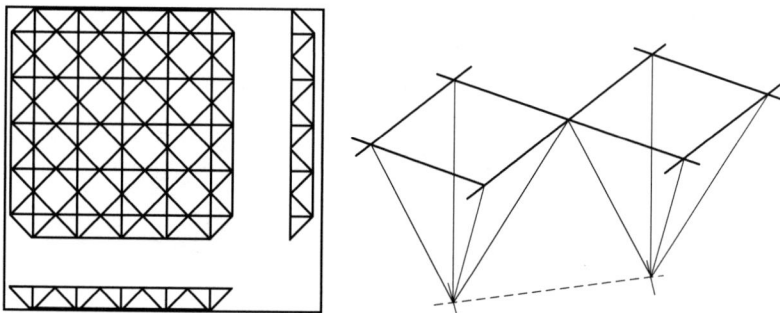

图 4-15 斜放四角锥网架

3. 三角锥系网架

三角锥网架体系是由倒置三角锥组成的。组成基本单元为三角锥，如图 4-16 所示。锥底的三条边，即网架的上弦杆，组成正三角形，棱边即为网架腹杆，锥顶用杆件相连，即为网架下弦杆。三角锥体是组成空间结构几何不变的最小单元。随三角锥体布置不同，可获得不同类的三角锥网架。这类网架共有三种，即三角锥网架、抽空三角锥网架和蜂窝形三角锥网架。本书仅以相对更广的三角锥网架为例进行说明。

三角锥网架（图 4-17）是由倒置的三角锥体组合而成的。上、下弦平面均为正三角形网格。下弦三角形的顶点在上弦三角形网格的形心投影线上。三角锥网架受力比较均匀，整体抗扭、抗弯刚度好，如果取网架高度为网格尺寸的 $(2/3)^{1/2}$ 倍，则网架的上、下弦杆和腹杆等长。上、下弦节点处汇交杆件数均为 9 根，节点构造类型统一。

三角锥网架一般适用于大中跨度及重屋盖的建筑，当建筑平面为三角形、六边形或圆形时最为适宜。

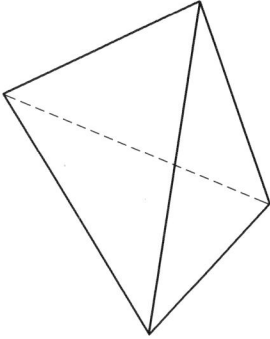

图 4-16　三角锥体系基本单元

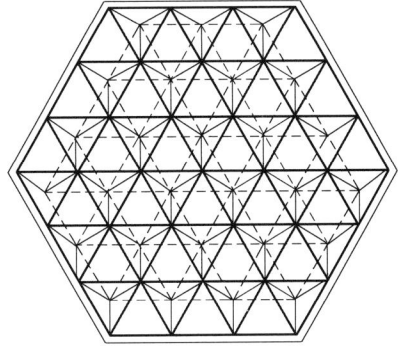

图 4-17　三角锥网架

4.1.5　按外形形式

（1）平面网架：本书 4.1.4 节所列均为平面网架，此处不再赘述。

（2）曲面网架或网壳：曲面网架是由杆件按一定规律组成的曲面结构，分单层及双层两大类，如图 4-18 所示。网壳可以设计成各种曲面，能充分满足建筑外形及功能方面的要求。曲面网架结构主要承受压力，稳定问题比较突出。跨度较大时，不能充分利用材料的强度。杆件和节点的几何偏差、曲面偏离等初始缺陷对曲面网架内力与整体稳定影响较大。它利用了一定起拱度来实现外力的空间传递，而多余的上凸增加了建筑容积，但是巨大的推力在设计中要重点关注。

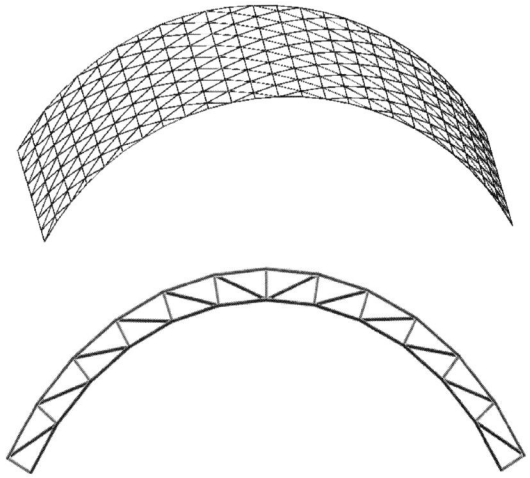

图 4-18　单层网壳及双层曲面网架

4.2　网架组成及适用范围

角锥系网架的基本单位：网架结构可以看成平面桁架的横向拓展，也可以看成平板的格构化。网架结构的起源，据说是仿照金刚钻石原子晶格的空间点阵排布，因而是一种仿生的空间结构，具有很高的强度和很大的跨越能力，因而网架结构是由许多规则的几何体组合而成的，这些几何体就是网架结构的基本单元。常见的有三角锥、四角锥、三棱体、正方棱柱体，此外还有六角锥、八面体、十面体等。

网架结构是一种应用范围很广的结构形式，既可用于体育馆、俱乐部、展览馆、影剧院、车站候车大厅等公用建筑，也可用于仓库、厂房、飞机库等工业建筑。

4.3 《空间网格结构技术规程》的适用范围

《空间网格规程》1.0.2 条规定：本规程适用于主要以钢杆件组成的空间网格结构，包括网架、单层或双层网壳及立体桁架等结构的设计与施工。

注意：《空间网格规程》中，空间结构材料为钢杆件而非铝合金等其他材料，如果是铝合金材料需参照《铝合金空间网格结构规程》T/CECS 634—2019 设计。此处的立体桁架包含立体拱架。

4.4 网架三维传力和平面结构传力的差异

平面结构和空间结构在荷载传递路径上是有差别的。在平面结构中，力是经过次要构件传到主要构件，逐步有顺序地传到基础：如檩条→次梁→主梁→柱→基础。因此，在平面结构中各种构件的最大特点是具有一定的"级别"，这不但可以从它们的截面，也可以从它们所承担的荷载大小看出来。

与此相反，空间结构不存在荷载的传递顺序。按照结构的三维几何状态，所有构件共同分担屋面上的荷载。荷载一旦作用在屋面的一点，所产生的力就扩散到周围的杆件上。因此，组成空间结构的构件（或杆件）不具有如同平面结构那样的"级别"。

其中，"网架"为按一定规律布置的杆件通过节点连接而形成的平板型或微曲面型空间杆系结构，主要承受整体弯曲内力。"网壳"为按一定规律布置的杆件通过节点连接而形成的曲面状空间杆系或梁系结构，主要承受整体薄膜内力。"立体桁架（拱架）"是由上弦杆、腹杆与下弦杆构成的横截面为三角形或四边形的格构式桁架。"张弦立体拱架"则是由立体拱架与拉索组合而成的结构。

4.5 网架常见问题

4.5.1 网架整体建模和简化建模如何选择？

《建筑抗震设计标准》GB/T 50011—2010（2024 年版）（以下简称《抗震标准》）10.2.7 条条文说明：当下部结构比较规则时，也可以采用一些简化方法（譬如等效为支座弹性约束）来计入下部结构的影响。但是，这种简化必须依据可靠且符合动力学原理。

简化方法的核心在于"等效而不失真"。只有当简化模型在动力学特性（频率、振型、响应）和力学原理（刚度、能量）上与原系统一致时，才能确保分析结果的可靠性。

如何理解"可靠且符合动力学原理"？

1. 可靠性

简化方法需基于合理的力学模型或实验数据，例如：

通过理论推导（如刚度等效、能量等效）确定等效弹簧的刚度，本项目四根悬臂混凝土柱，根据混凝土柱的材料属性、截面尺寸和高度，计算其等效刚度 $k=3EI/h^3$（E 为弹性模量，I 为截面惯性矩，h 为柱高度）。

2. 符合动力学原理

简化后的模型需满足动力学基本规律：

质量-刚度-阻尼的合理分配：等效约束的刚度应与下部结构的实际刚度一致，避免人为改变结构的自振频率；

模态特性匹配：简化后的模型应与原系统的振动模态（如基频、振型）保持一致；

动力响应一致性：在相同荷载下，简化模型的位移、内力响应需与原系统接近。

本项目下部结构非常规则且混凝土柱刚度模拟准确，可采用简化方法而无须整体建模，即将混凝土柱模拟为网架的弹性支座即可。

4.5.2　网架采用上弦支承还是下弦支承？

1. 受力上分析

上弦支承网架：上弦杆主要承受压力，荷载通过支座直接作用于上弦节点，导致上弦杆受压更为显著。下弦杆则因跨中弯矩作用呈现拉力，但整体受力强度低于上弦。支座处可能产生较大的水平推力。

下弦支承网架：下弦杆成为主要传力路径，承受较大拉力，上弦杆因结构整体变形需平衡弯矩，压力相对较小。支座反力分布更均匀，水平推力较小。

如果温差太大，也许会导致上弦支承网架的支座水平力太大而难以设计支座，可能常规的支座难以满足而必须采取定制的支座，从而造成价格飙升。

2. 经济性分析

从以上对比分析可以看出，上弦支承网架相比下弦支承的网架而言，上弦杆承受更大的压力，更容易失稳，更不容易充分利用材料强度。

此外，下弦支承整体在柱顶之上，网架需要承受侧向风荷载，而上弦支承整体在柱顶之下，网架无须承受侧向风荷载。

下弦支承可以通过支承位置的调整形成悬挑而平衡正负弯矩，而上弦支承在实际使用过程中很难实现这一点。

对于独立柱而言，当网架支座水平力较大（也许是温度作用，也许是侧向风荷载导致的）对柱子和基础的配筋及造价影响较大。

在保持相同室内净高的前提下，上弦支承往往需要更高的柱高，若温度作用产生的水平力较大，意味着柱子和基础的配筋及造价更高。

3. 支座处碰撞分析

当支座处水平力太大，其连接处的弦杆内力也很大，其截面必然很大。当采用上弦支承以及螺栓球连接时，其支座加劲肋，支座底板和上弦杆、腹杆、下弦杆很容易产生碰撞问题，若采用下弦支承，由于支座处没有上弦杆与螺栓球相连并且支座加劲肋和支座底板都在下弦杆下方，不存在腹杆与支座加劲肋和支座底板相碰撞的问题，因此，采用下弦支承时碰撞问题更容易解决。

4. 几何可变分析

由于下弦支承时整个网架都是置于柱顶之上，相较于上弦支承更容易发生整体倾覆。

《空间网格规程》3.2.6 条：网架可采用上弦或下弦支承方式，当采用下弦支承时，应在支座边形成边桁架。

《空间网格规程》3.2.6条条文说明：网架结构一般采用上弦支承方式。当因建筑功能要求采用下弦支承时，应在网架的四周支座边形成竖直或倾斜的边桁架，以确保网架的几何不变形性，并可有效地将上弦垂直荷载和水平荷载传至支座。

综上所述，网架采用上弦支承还是下弦支承是一个综合性问题。笔者建议，对于小跨度室内建筑可采用上弦支承，上弦杆压力不至于太大而需要特别大的截面，支座设计和杆件碰撞也不至于太麻烦。

4.5.3 杆件采用无缝钢管还是焊接钢管？

（1）从受力角度来看，无缝钢管比焊接钢管更好，特别是能提高稳定承载力。但是网架结构除了支座和跨中的少数杆件轴力较大，绝大部分杆件轴力较小，一般这个比例至少占到70%～80%。

（2）从经济性角度来看，除了支座和跨中的少部分杆件是由稳定性应力控制的，其他部分杆件稳定性应力都很小，其与应力限值的比值一般在0.3～0.6。因此，采用焊接钢管，即使稳定应力有所提高也不构成太大影响。但是焊接钢管的成本却远低于无缝钢管，这也是绝大部分网架采用焊接钢管的原因。

4.5.4 网架支座需要设置过渡板吗？

（1）过渡板的主要作用是固定螺栓群，确保螺栓与混凝土柱顶预埋钢板之间的连接稳定。当预埋螺栓定位不准时，过渡板可以起到调整和固定的作用，避免螺栓在高空焊接时质量难以控制。此外，过渡板还能简化施工过程，通过侧焊缝与支承面顶板相连，确保支座底板的传力间接但有效。

（2）分散支座反力，避免混凝土基础局部压碎。当混凝土基础强度较低（如C30以下），需通过过渡板增大承压面积。

（3）在滑动支座中辅助位移释放，减少摩擦阻力。滑动支座需设置光滑过渡板（如聚四氟乙烯板）以减少摩擦。

（4）有些情况下过渡板并不是必需的。例如，当支座底板面积较大时，可以通过其他方式确保支座的稳定性和传力效果，而不一定需要过渡板。此外，对于不依靠螺栓受剪来承受水平力的支座，过渡板的作用就变得有限。

总结，过渡板并非绝对必需，但实际工程中普遍采用以提高可靠性和施工容错率。一般来说，若支座基础为混凝土，比如支座落在混凝土柱或者混凝土梁上，绝大多数会在支座与混凝土基础间设置厚度≥20mm的钢板作为过渡板，并采用锚栓固定。

4.5.5 网架选择螺栓球还是焊接球？

1. 螺栓球

优点：

（1）适用多向杆件在同一节点上的连接。通过球体上的多个螺孔，可连接来自不同方向的杆件（如钢管），适应复杂几何形状，形成三维空间结构。可替代传统焊接或铆接，减少节点复杂度，适用于体育馆、机场等大跨度建筑的网状结构。

（2）具有快速安装和方便拆卸的特点。螺栓连接便于现场组装，无须焊接，缩短工期，降低高空作业风险；方便结构拆卸、维修或改造，提升后期维护效率。

（3）力学性能优化。球形设计使拉力、压力、弯矩等荷载均匀分布，减少应力集中，增强结构整体稳定性。

（4）适合标准化与模块化生产。节点与杆件可标准化生产，降低成本，提高加工精度，确保质量一致性；模块化组件减少现场定制需求，加速施工流程。

缺点：

（1）节点强度受限。螺栓孔削弱了球体截面，节点承载力通常低于焊接球，尤其是在承受拉压交变荷载时易产生应力集中。

（2）加工工艺复杂（需钻孔、攻螺纹），材料利用率低，成本较高；高强度螺栓用量大。

（3）螺栓预紧力不足或松动可能影响节点刚度，需定期检查维护。

2. 焊接球

优点：

（1）焊接球节点通过焊接或螺栓连接将多根杆件（如钢管、型钢等）交汇于一点，形成稳定的三维空间结构。由于球体没有方向性，可与任意方向的杆件相连，能够适应杆件不同角度和方向的连接需求，适用于复杂几何形状的网格结构。

（2）节点作为杆件间的传力枢纽，将各杆件的轴向力、弯矩和剪力传递到相邻杆件或支撑结构。球形设计使力的分布更均匀，减少局部应力集中，提高结构承载力。

（3）通过刚性焊接连接，确保节点与杆件之间的协同工作，提升结构的刚度和整体稳定性，减少因局部变形或位移导致的结构失效风险。

（4）空间结构常承受多维荷载（如风荷载、地震作用等），焊接球节点能有效协调不同方向的受力，优化结构性能。在动态荷载下，节点的刚性连接有助于分散振动能量。

（5）标准化生产的焊接球节点可批量制造，降低成本。安装时通过焊接连接，简化施工流程，缩短工期。

缺点：

（1）用钢量较大，节点用钢量占网架总用钢量的 20%～25%。

（2）冲压焊接费工，焊接质量要求高，现场仰焊、立焊占很大比重。

（3）当焊接工艺不当，造成焊接变形过大后难以处理。

3. 螺栓球与焊接球节点对比汇总（表 4-1）

螺栓球与焊接球节点对比汇总表　　　　　　　　　　表 4-1

因素	螺栓球节点	焊接球节点
适用范围	中小跨度网架、轻型结构	大跨度、重荷载结构（如体育馆）
施工条件	现场安装条件受限（如高空、无电力）	具备专业焊接团队和设备的场地
工期	工期短，可快速安装	因为焊接，工期耗时长
用钢量	所占整体用钢比例低	所占整体用钢量比例高
后期维护	需定期检查螺栓，可拆卸维护	维护困难，需注重焊缝防腐
抗震要求	一般抗震需求	高抗震、抗疲劳需求

本项目网架采用螺栓球节点。

4.5.6 屋面采用结构找坡还是小立柱找坡？

任何建筑物的屋面都有排水问题。采用网架作为屋盖的承重结构，由于面积较大，一般屋面中间起坡高度也较大，对排水问题应给予高度重视。

网架屋面排水坡的形成，在实践中有下述几种方式：

1. 上弦节点上设置小立柱找坡

在上弦节点上设置小立柱找坡的方法［图 4-19（a）］比较灵活，改变小立柱高度即可形成双坡、四坡或其他复杂多坡排水屋面。小立柱的构造比较简单，尤其是用于空心球节点或螺栓球节点上，只要按设计要求将小立柱（钢管）焊接或用螺栓拧在球体上即可。因此，国内已建成的网架多数采用这种方法找坡。

应当指出，对于大跨度网架，当中间屋脊处小立柱较高时，应当验算其自身的稳定性，必要时应采取加固措施。通常，当屋面找坡立柱高度超过 900mm 时，应考虑增加斜撑，以形成几何不变体系，保证小立柱的稳定性。

《空间网格规程》3.2.10 条条文说明：网架屋面排水坡度的形成方式，过去大多采用在上弦节点上加小立柱形成排水坡。但当网架跨度较大时，小立柱自身高度也随之增加，引起小立柱自身的稳定问题。当小立柱较高时应布置支撑，用于解决小立柱的稳定问题，同时有效将屋面风荷载与地震等水平力传递到网架结构。

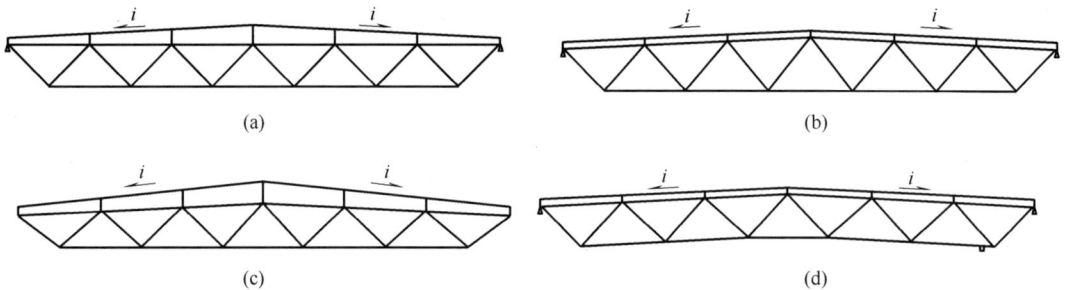

图 4-19　网架屋面排水坡的不同做法
（a）小立柱找坡；（b）网架变高度；（c）网架变高度结合小立柱；（d）整个网架起坡

2. 网架变高度

为了形成屋面排水坡度，可采用网架变高度的方法。如图 4-19（b）所示。这种做法不但节省找坡小立柱的用钢量，而且由于网架跨中的高度增加，还可以降低网架上下弦杆内力的峰值，使网架的内力趋于均匀。但是，这种处理也使腹杆及上弦杆种类众多，给网架制作与安装带来一定的困难。

此外，也可采用网架变高度和加小立柱相结合的方法，以解决屋面排水问题，如图 4-19（c）所示。这在大跨度网架上采用更为有利，它一方面可以降低小立柱高度，增加其稳定性；另一方面又可以使网架的高度变化不大。

3. 整个网架起坡

采用整个网架起坡形成屋面排水坡的做法，就是使网架的上下弦杆仍保持平行，只将整个网架在跨中抬高，如图 4-19（d）所示。这种形式类似网架起拱的做法，但起拱高度是根据屋面排水坡度决定的。起拱度过高会改变网架的内力分布规律，这时应按网架实际几何尺寸进行内力分析。

4.5.7 杆件材质采用 Q235 还是 Q345 (Q355)?

说明：Q355 为与国际接轨做法，但由于目前暂时还处于 Q345 和 Q355 并行阶段，请读者根据当地实际情况自行把握。本书暂时以 Q345 为例进行讲解。

1. 材料性能对比

Q235：屈服强度为 235MPa，塑性、焊接性能较好，价格较低，加工工艺简单。

Q345：屈服强度为 345MPa（强度高出约 47%），可减小杆件截面尺寸，但焊接工艺要求更高，成本略高。

2. 选择依据

（1）经济性

大跨度、重荷载：若杆件内力较大（如大跨度网架、重型屋面），优先选用 Q345，可减少截面尺寸和结构自重，提升经济性。

中小跨度、轻荷载：Q235 即可满足要求，且加工成本更低。

（2）施工条件

Q345 焊接需预热和低氢焊条，对工艺要求更高；若施工条件有限，Q235 更易操作。

（3）稳定性要求

Q345 杆件更细长时需验算长细比（λ），避免因截面过小而失稳。

结论：

Q235：适用于中小跨度、低造价需求项目，或施工条件受限的情况。

Q345：适用于大跨度、复杂网架（如体育场馆、机场），可优化结构效率。

4.5.8 网架必须起拱吗?

《空间网格规程》3.5.2 条条文说明：国内已建成的网架，有的起拱，有的不起拱。起拱给网架制作增加麻烦，故一般网架可以不起拱。当网架或立体桁架跨度较大时，可考虑起拱，起拱值可取小于或等于网架短向跨度（立体桁架跨度）的 1/300。此时杆件内力变化"较小"，杆件内力变化一般不超过 5%～10%，设计时可按不起拱计算。

4.5.9 为什么网架一般都选择正放四角锥体系?

《空间网格规程》3.2.1 条：平面形状为矩形的周边支承网架，当其边长比（即长边与短边之比）小于或等于 1.5 时，宜选用正放四角锥网架、斜放四角锥网架、棋盘形四角锥网架、正放抽空四角锥网架、两向正交斜放网架、两向正交正放网架。当其边长比大于 1.5 时，宜选用两向正交正放网架、正放四角锥网架或正放抽空四角锥网架。

《空间网格规程》3.2.3 条：平面形状为矩形、多点支承的网架可根据具体情况选用正放四角锥网架、正放抽空四角锥网架、两向正交正放网架。

从规范条文中可以看出，平面形状为矩形的网架，无论是周边支承还是多点支承，一般选择正放四角锥体系，不是第一顺位就是第二顺位推荐。

4.5.10 与网架相连的柱，柱顶需要单元释放吗？

不需要，网架杆件建模时默认单元已释放，根据节点力矩平衡原理，即使柱顶是刚接（未设置单元释放），柱顶的弯矩也是 0，因此网架柱顶建模可以不释放。

5 网架建模及计算分析

5.1 项目技术条件

5.1.1 项目概况

  ××加油站网架位于北京市，由于来往车辆较多，为了满足需要，本项目网架为 $30m \times 36m$，网格尺寸取 3m（详见后面章节论述），柱距为 $18m \times 24m$，两侧外悬挑均为 6m，网架下弦杆离地面高度不低于 8m，网架厚度在 1.3m 左右。拟用四根 $0.6m \times 0.6m$ 的混凝土柱给网架进行下弦支承，混凝土强度等级 C30。柱下采用独立基础，独立基础顶离地面高度 1.0m。该地区抗震设防烈度 8 度。屋面采用轻型压钢屋面，小立柱找坡。

  对于平面形状为矩形四点支承的网架，根据之前的结论，优先选用正放四角锥体系网架，能兼顾用钢量较经济和加油站的特殊使用功能。考虑到网架厚度 1.3m 左右的要求，网格尺寸不宜过大，否则杆件汇交的角度过小。长度和宽度方向的网格尺寸，可选择 $3.0m \times 3.0m$，这样长度方向刚好 12 个网格，宽度方向 10 个网格，详见后面合理估算网架高度和网格尺寸一节。

5.1.2 技术条件

  结构分析的参数如下：

  （1）材料：所有钢管、节点球及支座节点板均采用 Q235B 钢。

  （2）设计应力（强度控制）：Q235B $f = 215N/mm^2$。

  （3）控制挠度：按照《空间网格规程》，主体网架结构挠度控制在 $L/250$。

  （4）荷载：本项目除永久荷载外，尚考虑如下荷载标准值进行设计：

  1）屋面恒荷载：上弦：$0.30kN/m^2$

          下弦：$0.15kN/m^2$

  屋面恒载一般由屋面板，保温层，主、次檩条等构件组成，但不包括网架自重，网架自重由程序自动考虑。此处的屋面恒载根据实际的建筑做法计算，一般在 $0.2 \sim 0.3kN/m^2$，本例输入 $0.3kN/m^2$。

  2）屋面活荷载：$0.50kN/m^2$

  按照《工程结构通用规范》GB 55001—2021（以下简称《结构通规》）表 4.2.8，不上人的屋面，屋面均布活荷载的标准值应取 $0.5kN/m^2$。

表 4.2.8　屋面均布活荷载标准值及其组合值系数、频遇值系数和准永久值系数

项次	类别	标准值 （kN/m²）	组合值系数 ψ_c	频遇值系数 ψ_f	准永久值系数 ψ_q
1	不上人的屋面　→	0.5	0.7	0.5	0.0
2	上人的屋面	2.0	0.7	0.5	0.4

3）基本雪荷载：0.45kN/m²。

4）基本风荷载：0.45kN/m²。

基本风压 w_k：根据加油站所在地北京市查《建筑结构荷载规范》GB 50009—2012（以下简称《荷规》）附录E，按50年一遇的基本风压确定，查得 0.45kN/m²。

地面粗糙度类别：此加油站位于城市郊区，因此根据《荷规》8.2.1条选B类。

风压调整系数 β_z：可由程序自动按照《荷规》8.4节计算，最终的计算结果不能小于《工程结构通用规范》GB 55001—2021 的要求。

4.6.5　当采用风荷载放大系数的方法考虑风荷载脉动的增大效应时，风荷载放大系数应按下列规定采用：

1　主要受力结构 的风荷载放大系数应根据地形特征、脉动风特性、结构周期、阻尼比等因素确定，其值不应小于1.2。

风荷载体型系数 μ_s：见图5-1。

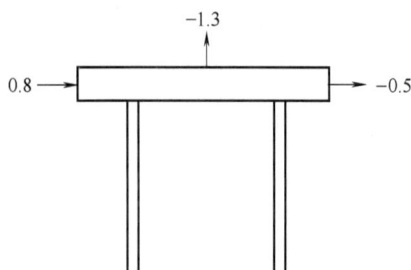

图 5-1　加油站罩棚风荷载体型系数示意图

风压高度变化系数 μ_z：1.0。

网架总高度＝柱高8m＋估算网架高度1.3m＝9.3m＜10m，又因为地面粗糙度类别B类，根据《荷规》表8.2.1，可查得 μ_z 取值1.0。

5）温度差：《荷规》附录表 E.5 第一项，—13℃～36℃。

6）地震作用：按设防烈度8度考虑，地震加速度为0.20g，设计分组为第二组。

7）除上述荷载外，本设计未考虑其他荷载。

如果想根据不同项目计算不同荷载，可关注朗筑公众号，输入荷载，里面有视频讲解所有荷载的详细过程。

5.2　快速建模（3D3S）

5.2.1　如何合理估算网架高度？

网架高度越大，弦杆所受力就越小，弦杆用钢量减少；但此时腹杆长度加大，腹杆用钢量就会增加。反之，网架高度越小，腹杆用钢量减少；弦杆用钢量增加。因此网架需要选择一个合理的高度，使用钢量达到最少，同时还应考虑刚度（挠度）要求等。

1. 规范要求

《空间网格规程》3.2.5条：网架的网格高度与网格尺寸应根据跨度大小、荷载条件、柱网尺寸、支承情况、网格形式以及构造要求和建筑功能等因素确定，网架的高跨比可取1/10～1/18。

《空间网格规程》3.2.5条条文说明：网架的最优高跨比则主要取决于屋面体系（采用钢筋混凝土屋面时为1/10～1/14，采用轻屋面时为1/13～1/18），并有较宽的最优高度带。

由于规程给出估算的网架高度范围太大，新人一般没有办法下手。根据规程的正文和条文说明，笔者给出了一个范围相对小的参考取值，这样不至于误差太大，后续的模型调整不至于工作量太大。

短向跨度 l＜30m 时，取（1/13～1/15）l；

短向跨度 l＝30～60m 时，取（1/14～1/16）l；

短向跨度 l＞60m 时，取（1/15～1/18）l。

2. 建筑要求及刚度要求

屋面荷载较大时，网架高度应选择得较高，反之可矮些。当网架中必须穿行通风管道时，网架高度必须满足此高度。但当跨度较大时，网架高度主要由相对挠度的要求决定。一般来说，跨度较大时，网架的跨高比可选用大些。

3. 网架的平面形状

当平面形状为网形、正方形或接近正方形的矩形时，网架高度可取得小些。当矩形平面网架狭长时，单向作用明显，其刚度就越小，故此时网架高度应取大些。

4. 网架的支承条件

周边支承时，网架高度可取得小些；点支承时，网架高度应取得大些。

5. 节点构造形式

网架的节点构造形式很多，国内常用的有焊接空心球节点和螺栓球节点。两者相比，前者的安装变形小于后者。故采用焊接空心球节点时，网架高度可取得小些；采用螺栓球节点时，网架高度可取得大些。

综上所述，本项目柱距为 18m×24m，短向跨度为 18m，轻钢屋面，采用螺栓球节点，点支承，网架高度 h（网架厚度）∈（1/15l，1/13l）＝（1.2m，1.385m），最终网架高度实取 1.3m。

5.2.2 如何合理估算网格尺寸？

1. 规范要求

《空间网格规程》3.2.5条：网架在短向跨度的网格数不宜小于5。确定网格尺寸时宜使相邻杆件间的夹角大于45°，且不宜小于30°。网架两相邻杆间夹角不宜小于30°，这是网架的制作与构造要求的需要，以免杆件相碰或节点尺寸过大。

2. 图集（07SG531 钢网架结构设计）4.1.2 条建议

表1　网格尺寸与跨度的关系

网架短向跨度 L_2	网格尺寸
＜30m	（1/12～1/6）L_2
30m～60m	（1/16～1/10）L_2
＞60m	（1/20～1/12）L_2

本项目柱距为 18m×24m，短向跨度为 18m，网格尺寸∈(1/12l，1/6l)＝(1.5m，3m)，考虑本项目相应柱距方向的网架尺寸为 30m×36m，实取 3m，相应的网格数为 10×12。网架两相邻杆间最小夹角可在软件中查看，如果不合适可以另行修改网格尺寸和网格数。

5.2.3 结构建模

1. 定义截面库

点击"截面库"按钮，弹出如下对话框（图 5-2），本项目选择徐州截面库，默认加载对应配件库中的圆钢管型号。2023 版本已增加《钢网格结构螺栓球节点用封板、锥头和套筒》T/CECS 10300—2023 中锥头库对应的钢管截面，可选择东南 Q235 和东南 Q355 截面库增加。

因为网架的钢管型号和锥头、封板、螺栓等配件——对应，如果读者新增了当前网架配件库中没有的钢管型号（如 φ102×5.0），则需要在锥头（或封板）库中添加相应的锥头（或封板），否则螺栓球节点设计时会提示钢管找不到对应锥头。

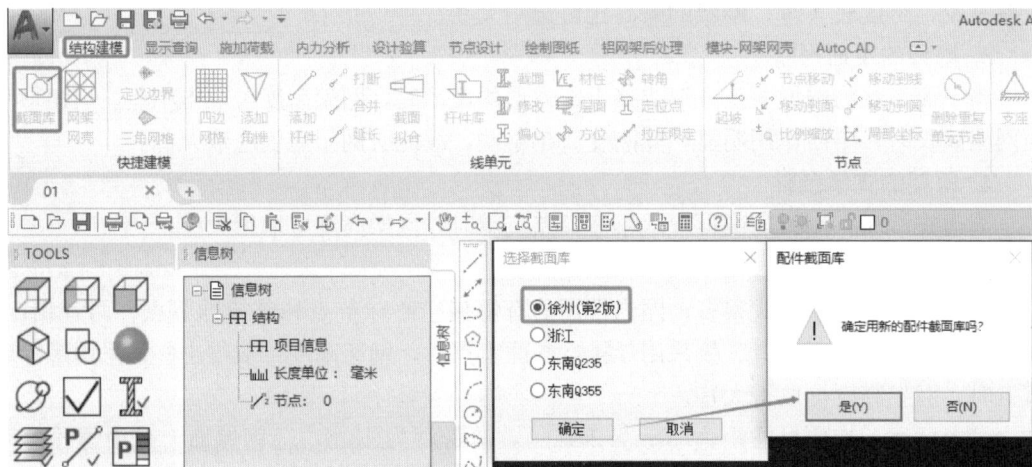

图 5-2 定义截面库示意图

2. 定义建模参数

（1）划分网格

注意：若基点坐标选择"上弦"网格数 $m×n$ 为 12×10。因为程序向下生成弦杆和腹杆，再根据下弦支承垂直封口补齐网格，尺寸正好能保证 36m×30m，如图 5-3 所示。

若基点坐标选择"下弦"，网格数 $m×n$ 仍为 12×10。此时程序向上生成弦杆和腹杆，上弦的平面尺寸为 39m×33m，再根据下弦支承垂直封口补齐网格，整个尺寸变为 39m×39m。所以若基点坐标选择"下弦"，网格数 $m×n$ 仍为 11×9，如图 5-4 所示。

（2）定义荷载

恒载、活荷载取值详见前面的技术条件说明。《空间网格规程》4.2.3 条条文说明：空间网格结构的温度应力是指在温度场变化作用下产生的应力，温度场变化范围应取施工安装完毕时的气温与当地常年最高或最低气温之差。

由于项目位于北京市，查阅《荷规》附录表 E.5 第一项，常年最高气温为 36℃，最低气温为－13℃，假定施工安装完毕时的气温为 15℃。因此，温度场变化范围为 21℃和

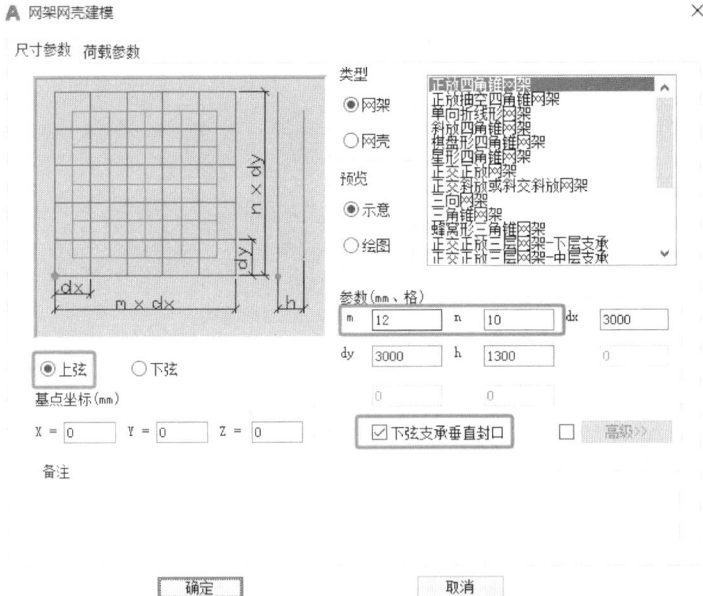

图 5-3　网架尺寸参数示意图（一）

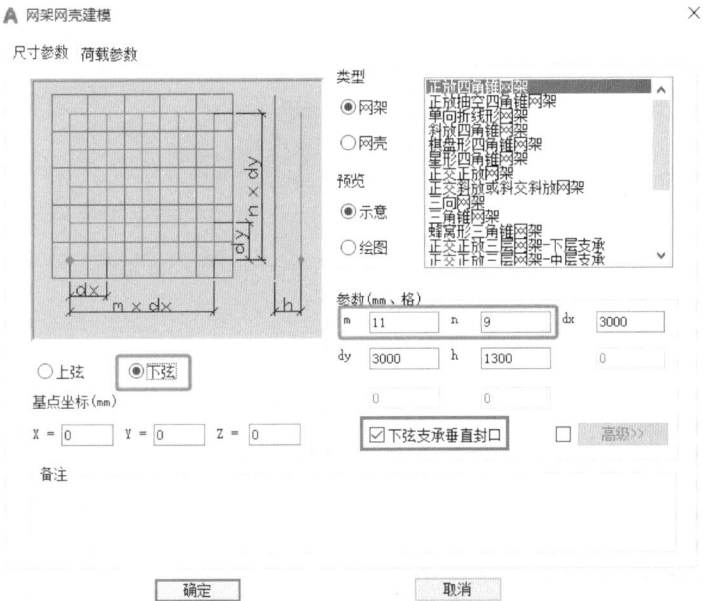

图 5-4　网架尺寸参数示意图（二）

－28℃，也就是温度增量 1 和温度增量 2，如图 5-5 所示。

注意：

1）温度增量值一般一个为正值，另一个为负值，即软件计算时考虑温度正增量和负增量两个温度工况。温度增量 1 即对结构最大温升的工况＝结构最高平均温度和结构最低初始平均温度之差。两个温度表示结构安装时的温度和全年最高与最低温度的差值。

2）由于网架为高次超静定结构，当温差过大时，杆件内力及支座可能由于温度作用

31

产生巨大的附加轴力（对杆件而言）或者水平力（对支座而言），这样会造成整体造价太高而业主方无法接受。当建筑物设置保温材料时，考虑到保温材料具有隔绝热量交流的特性，保温材料内的主体结构并没有这么大的温差，具体折减幅度因地区不同幅度不同，请与当地审图办沟通后采用。

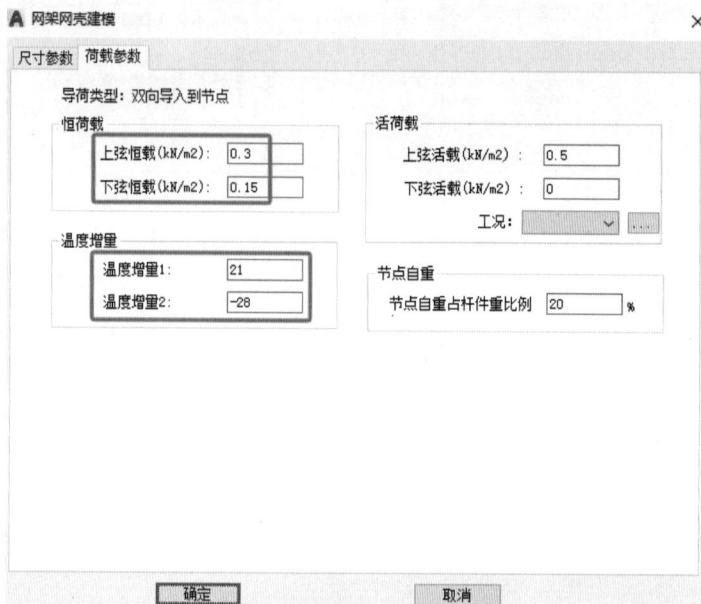

图 5-5　网架荷载参数示意图

（3）设置支座

只保留下弦杆，点击"支座"按钮，按照图 5-6 所示模拟悬臂柱弹性支座刚度，并按照图 5-7 所示位置布置支座。

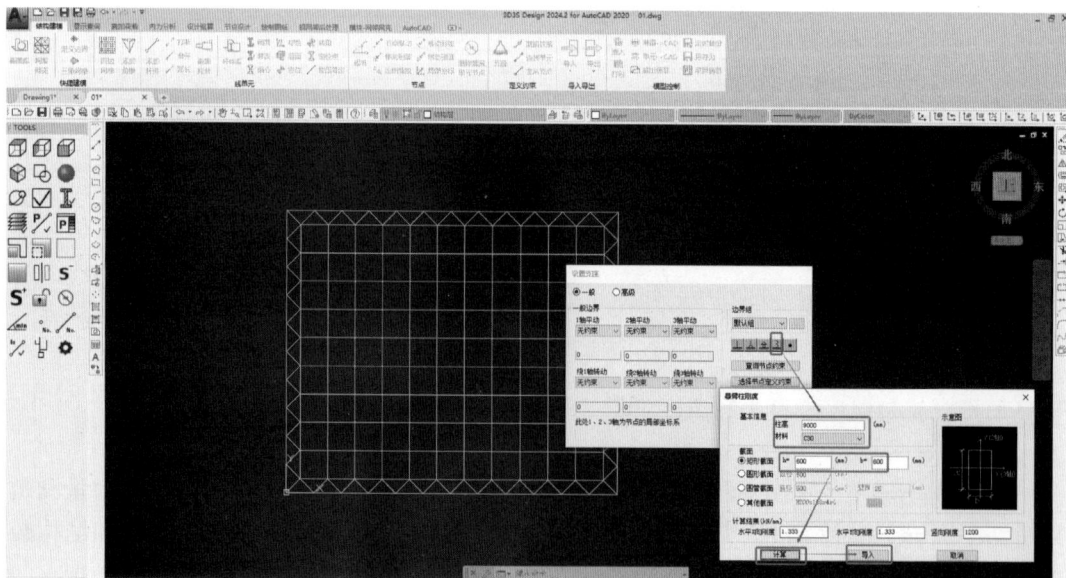

图 5-6　悬臂柱弹性支座刚度示意图

32

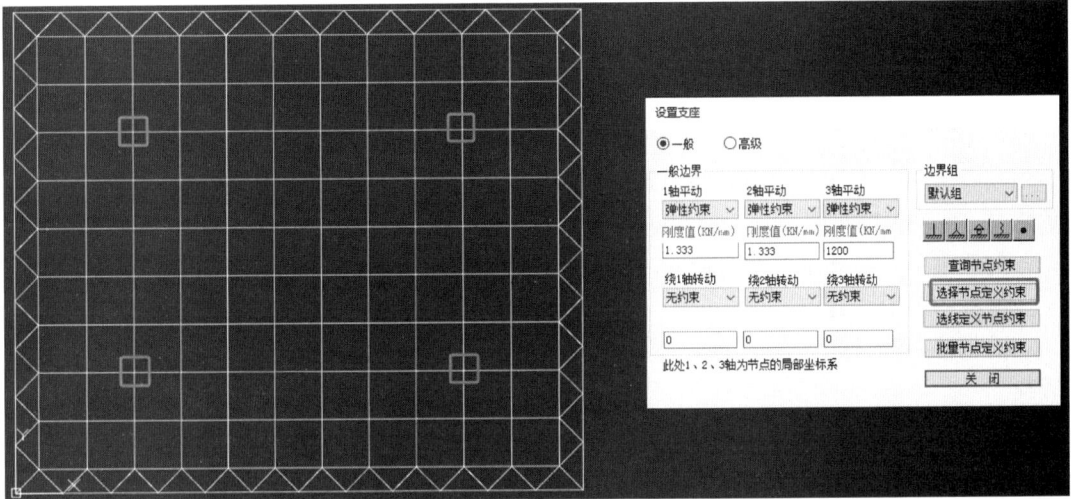

图 5-7　支座布置位置示意图

5.3　显示查询

模型建立完成后，需要检查一下有没有杆件之间的夹角小于 30°，按照图 5-8 框选所有杆件。若存在杆件之间的夹角小于 30°，可通过移动节点位置来调整相应杆件之间的夹角，读者可以自行尝试。

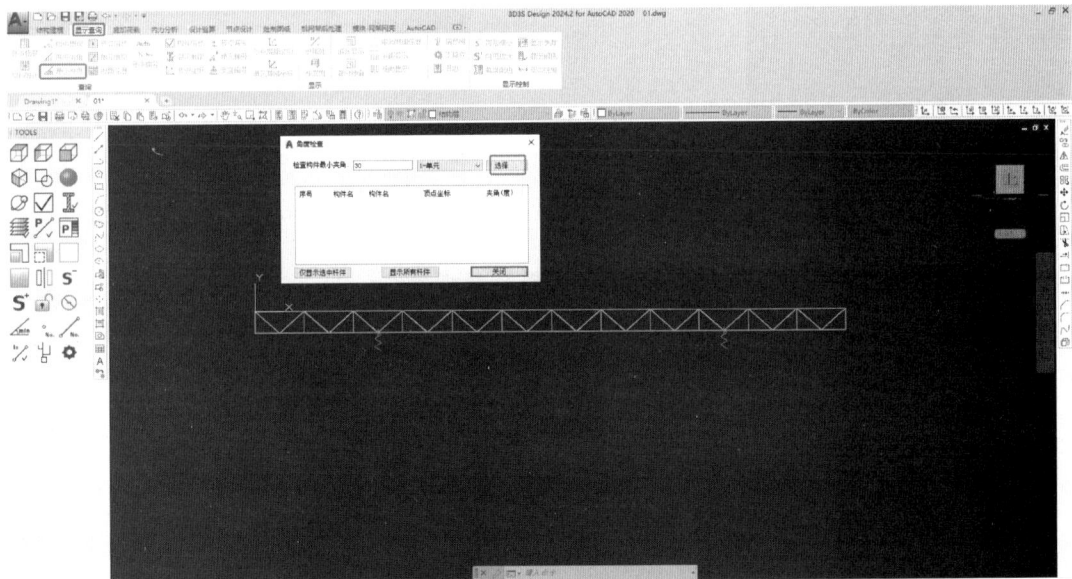

图 5-8　检查杆件之间的夹角示意图

5.4 施加荷载

5.4.1 定义荷载工况

该命令用于添加模型中需要用到的各种荷载的工况。每一种工况表示不同时作用的荷载情况，荷载说明可以双击后直接进行编辑。

荷载工况：荷载工况即为荷载的工况号，软件定义工况号的方法为：

恒载的工况号为 0；

活载的工况号为大于 0 的自然数，活载可以占据不同的工况号，表示不同时作用的活载。

风荷载的工况号为大于 0 的自然数，但不能和活载已经占有的工况号重合，风荷载可以占据不同的工况号，表示不同时作用的风荷载。

注意：

活载分为活和屋面活，这里的活表示楼面活载，屋面活表示屋面活载。荷载组合时，屋面活载不与雪荷载同时组合，活（楼面）与雪荷载同时组合。

本项目荷载工况：恒载、屋面活荷载（因为雪荷载 0.45，小于屋面活荷载 0.5，直接省略）、风荷载、温度作用。按照图 5-9 进行相应修改。

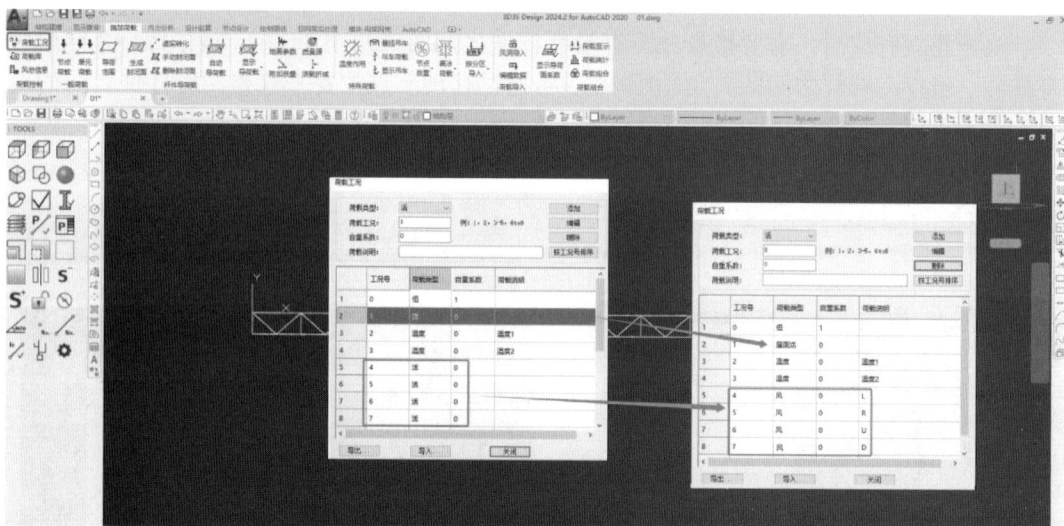

图 5-9 荷载工况定义示意图

5.4.2 导荷范围

施加杆件导荷载，通过封闭面把面荷载导到单元或者节点上。双击列表框内"…"处，弹出增加荷载对话框；可施加恒活风杆件导荷载。具体参数说明如下：

1. 导荷方式说明

（1）直接作用于杆件：用于诸如塔架等镂空结构，按照杆件迎风面积与整个杆件面积之比导到杆件（只适用于风荷载）。

（2）直接作用于节点：用于诸如塔架等镂空结构，按照杆件迎风面积与整个杆件面积之比导到节点（只适用于风荷载）。

（3）双向导到杆件：按双向受力梁分配，当荷载传到周边杆件上时选用该项，如楼板的布置是双向板时，或风荷载既传到梁上，又传到立柱上时。

（4）单向导到杆件：按单向受力梁分配，当荷载只传到所选单元平面的部分杆件上时，采用该选项，如楼板的布置是单向板时等。单向导荷载到单元除了要选择受荷范围外，还要选择受力单元。

（5）双向导到节点：分配到杆件所连节点，荷载作用到选中单元平面包含的所有节点上。

（6）单向导到节点：分配到所选节点，荷载作用到读者选中的节点上。

直接作用于杆件的导荷载是指类似铁塔、烟囱之类无外围护，结构构件直接承受风荷载的结构形式，软件自动根据荷载方向作用矢量和构件的挡风面积计算承受的风荷载的单元荷载。

荷载分配到节点常用于空间桁架等大型网架网壳结构中，将荷载简化到节点上。本项目螺栓球节点顶部采用支托板支承纵横向檩条，也就是双向檩条均将荷载传于螺栓球节点支托板，因此本项目采用的荷载导荷方式为"双向导到节点"。

2. 施加恒载导荷范围

由于在建模时已经定义了恒载、活载、风荷载、温度作用的取值，此处有程序默认的荷载工况，太多且太乱，笔者建议先按照图 5-10 进行删减并与之前定义的荷载工况对应。此处的温度作用工况并不显示，而是在后面的"温度作用"中显示并施加。

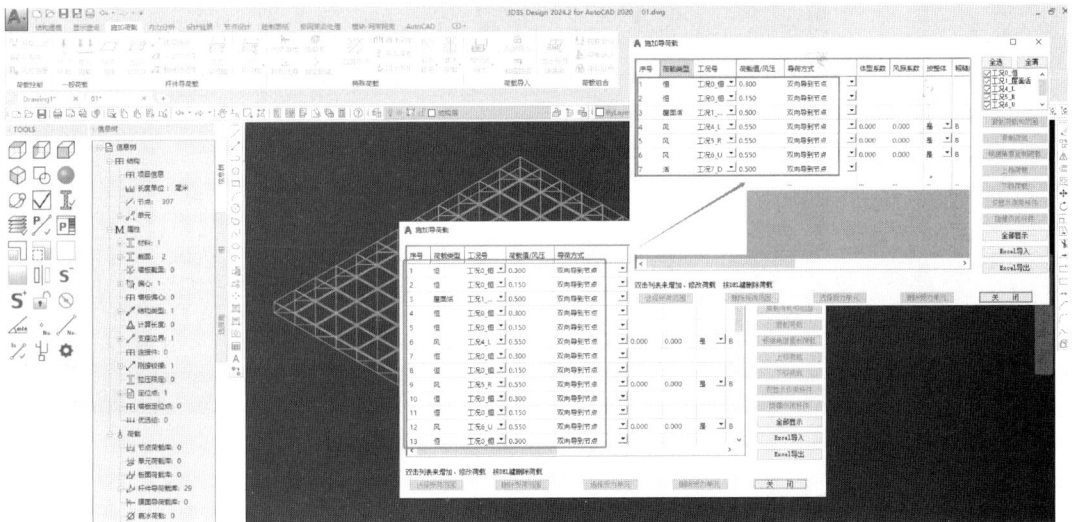

图 5-10 最终设定的荷载工况示意图

切换至前视图"⬦"，在工况 0 情况下分别选择序号 1 及序号 2，点击"选择受荷范围"，分别框选上弦和下弦施加屋面上弦层和下弦层恒载，如图 5-11 所示。

3. 施加屋面活载导荷范围

在工况 1 情况下，点击"选择受荷范围"，框选上弦施加屋面上弦层活荷载，如图 5-12 所示。

图 5-11　施加屋面上弦及下弦层恒载示意图

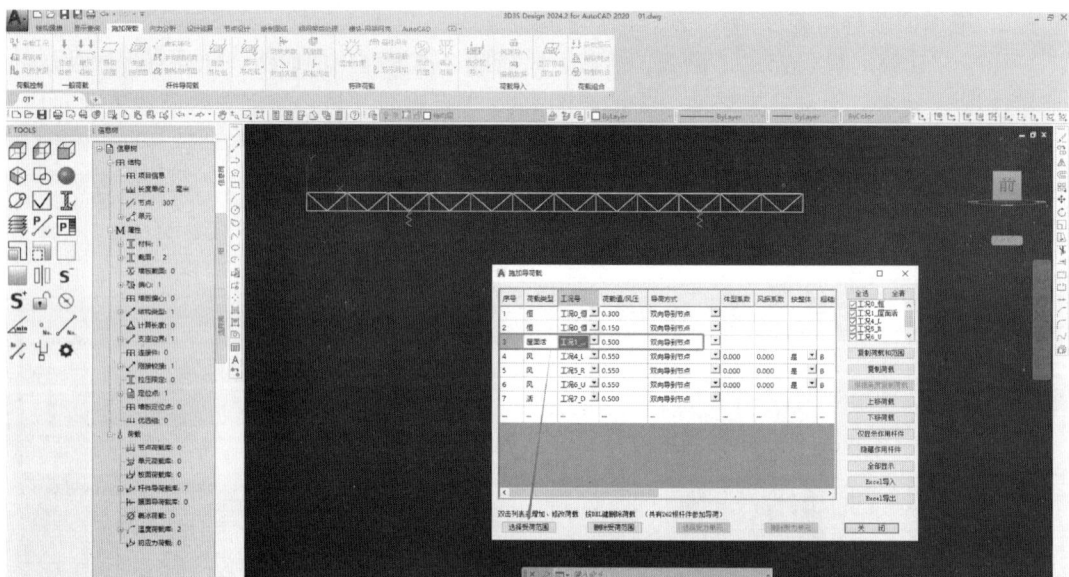

图 5-12　施加屋面上弦层活载示意图

4. 施加屋面风荷载导荷范围

不同时作用的风应该输入不同的工况号。不同层面导风荷载若工况号相同，表示其同时作用，比如结构中存在迎风面与背风面是同时受风的，工况号应相同；但左风、右风不同时作用，这时定义的荷载应为不同工况号。

风荷载标准值：若不勾选"按规范自动导荷"，读者可直接输入风荷载标准值。

按规范自动导风：目前软件支持根据《荷规》和《高耸结构设计标准》GB 50135—2019 相关条文进行风荷载导荷。

若所设计工程需套用其他规范的风载计算方法，应不勾选本选项，直接将计算出的风荷载标准值填入"风压标准值"。

注意：不勾选"按规范自动导风"时，风荷载的方向，正值为指向内部参考点，负值为背离内部参考点。

由于风荷载加载细节比较繁琐，如果读者不清楚可以参考本书的配套视频。以下为风荷载加载的步骤：

（1）由于加油站罩棚四周有广告板，因此罩棚除了屋面外，周边也承受风荷载。因为每一种风荷载工况下都有 3 个受风面，比如左风时，除了屋面还有两个侧面，如图 5-1 所示。所以，要将默认的每一种风荷载工况都要添加 2 个。

拟完善已有的一个默认风荷载工况，双击进行修改，如图 5-13 所示。

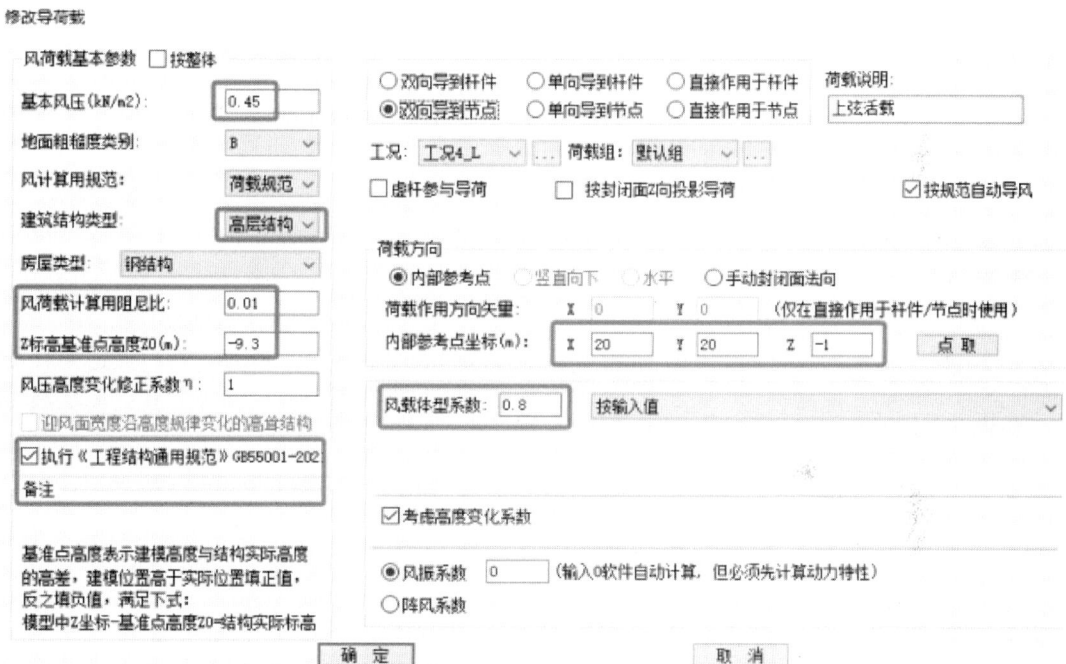

图 5-13 修改默认风荷载示意图

风荷载计算用阻尼比：0.01。《荷规》8.4.4 节：对钢结构可取 0.01，对有填充墙的钢结构房屋可取 0.02，对钢筋混凝土及砌体结构可取 0.05，对其他结构可根据工程经验确定。

Z 标高基准点高度 Z_0（m）：-9.3。基准点高度表示建模高度与结构实际高度的高差，建模位置高于实际位置填正值，反之填负值，满足下式：模型中 Z 坐标$-$基准点高度 Z_0=结构实际标高，由此可以推出，基准点高度 Z_0=模型中 Z 坐标$-$结构实际标高，所以，基准点高度 Z_0=$0-9.3$=-9.3。

荷载方向：内部参考点，通过指定内部参考点确定封闭面的外法线方向，从而得到荷载的作用方向。

内部参考点坐标（m）：根据结构内部的任意一点（可以是已知节点，也可以不是节点），可以确定所选面的外法线方向。主要用于确定风荷载的方向。若体型系数＞0，则受风荷方向与外法线方向相反，受风压；若体型系数＜0，则受风荷方向与外法线方向相同，

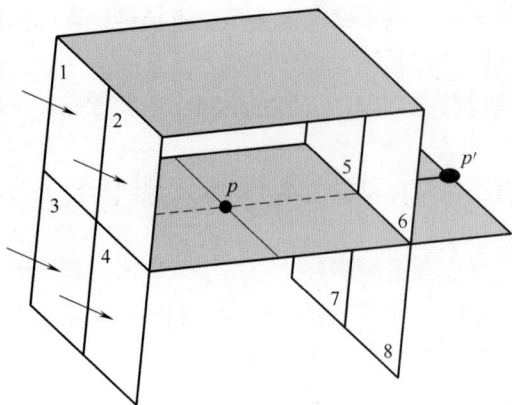

图 5-14　内部参考点与风荷载矢量示意图

受风吸力。内部参考点坐标可以手动输入，也可以按“点取”按钮在屏幕上选取。如图 5-14 所示。

对由封闭四边形 1、2、3、4 组成的区域，存在风压力（方向如箭头所示）。

事先输入的风荷载体型系数为正数 0.8，表示对 1、2、3、4 区域为压力，这时软件需要内部参考点来判断压力荷载是朝什么方向的。点取 p 点来指定建筑物内部的一点，软件可以自动导得正确的荷载方向。

如果点取了 p'点，虽然 p'不在建筑物内部，对 1、2、3、4 的区域导风荷载的结果是一样的，结果也是对的；但对 5、6、7、8 的区域导风荷载的方向就不对了，即填入体型系数为 0.8，导出来的风荷载却是吸力。

本项目内部参考点坐标取为：X，20m；Y，20m；Z，－1.0m，由于坐标零点位于上弦左下角，可以推出此坐标位于加油站罩棚内，还可以在屏幕上看到加油站罩棚内有一个红点，两者可以相互佐证。

风荷载体型系数：如图 5-1 所示。

（2）将一个已经完善的默认风荷载工况，通过两次复制再适当修改，然后通过上移荷载与已经完善的工况排列在一起，完成一种风荷载工况三个作用面的情况，其余风荷载工况同此做法，如图 5-15 所示。

序号	荷载类型	工况号	荷载值/风压	导荷方式	体型系数	风振系数	按整体	粗糙
1	恒	工况0_恒	0.300	双向导到节点				
2	恒	工况0_恒	0.150	双向导到节点				
3	屋面活	工况1_...	0.500	双向导到节点				
4	风	工况4_L	0.450	双向导到节点	0.800	0.000	否	B
5	风	工况4_L	0.450	双向导到节点	-1.300	0.000	否	B
6	风	工况4_L	0.450	双向导到节点	-0.500	0.000	否	B
7	风	工况5_R	0.450	双向导到节点	0.800	0.000	否	B
8	风	工况5_R	0.450	双向导到节点	-1.300	0.000	否	B
9	风	工况5_R	0.450	双向导到节点	-0.500	0.000	否	B
10	风	工况6_U	0.450	双向导到节点	0.800	0.000	否	B
11	风	工况6_U	0.450	双向导到节点	-1.300	0.000	否	B
12	风	工况6_U	0.450	双向导到节点	-0.500	0.000	否	B
13	风	工况7_D	0.450	双向导到节点	0.800	0.000	否	B
14	风	工况7_D	0.450	双向导到节点	-1.300	0.000	否	B
15	风	工况7_D	0.450	双向导到节点	-0.500	0.000	否	B
...	...	...	...	...	...	...	...	...

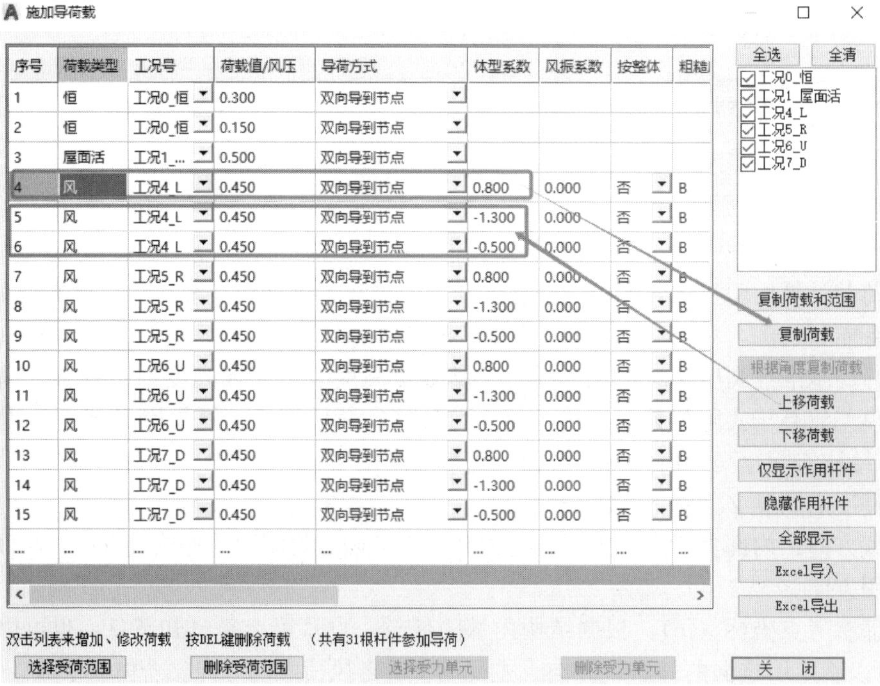

图 5-15　内部参考点与风荷载矢量示意图

提醒：每一种风荷载工况选择受荷范围时，务必框选相应的封闭面，可通过视图转换方便自己的选择，否则荷载大错特错。

5.4.3　生成封闭面

由软件自动生成的封闭面：导荷载是将由杆件或者虚杆围成的封闭区域的面荷载按照一定原则分配到杆件或节点上成为单元荷载或节点荷载，因此封闭面的自动生成是分配荷载的前提。

1. 参数说明

多边形最大边数：导荷载时软件会自动找封闭区域，该参数用于控制封闭区域多边形的最大边数，这里的边数是指形成封闭区域的杆件数。当形成封闭区域的杆件数小于或等于"多边形最大边数"时，对该区域进行导荷载，否则不对该区域导荷载。这是新手不能生成封闭面的原因之一。本项目封闭面最多为四边形，按照程序默认即可。

空间多边形形状控制参数：理论上，导荷载只能在平面多边形上进行，当多边形为空间多边形时，软件通过该参数来控制是否把空间多边形近似为平面多边形来导荷载。其具体意义如图 5-16 所示。

$ABCD$ 为空间多边形（四点不共面），其中 ABD 为 AB、AD 所确定的平面，C' 为点 C 在 ABD 平面上的投影，若 CC' 长度小于或等于"空间多边形形状控制参数"，则对 AB-

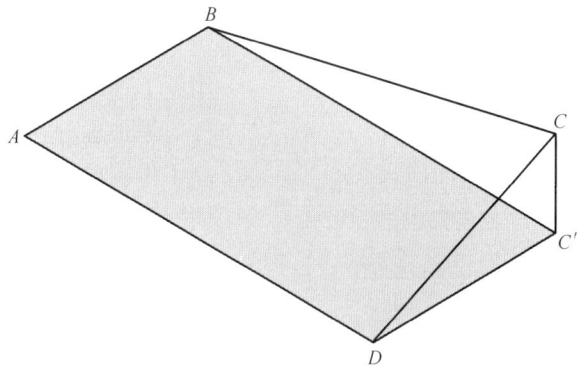

图 5-16　空间多边形形状控制参数示意图

CD 导荷载，否则不对 $ABCD$ 导荷载，空间多边形形状控制参数影响导荷载速度，其值越大，导荷载速度越慢。此参数对于弧形、壳体等曲线非常重要，弧度越大，该参数越大。这是新手不能生成封闭面的原因之二。

本项目为平面，按照程序默认即可。

在支座间添加虚杆：支座处杆件往往不能围成封闭区域，需要添加虚杆进行导荷载。但是像网壳结构等支座位置比较复杂的模型，这样生成的虚杆很乱，建议不要勾选此项，需要读者手动添加。

（1）封闭面生成后会显示在屏幕中，可以使用荷载显示查询命令进行观察，以确定自动导荷载所依据的封闭面是实际的受荷面，避免暗箱操作；在施加荷载菜单下的显示命令中，可以按荷载号和工况号选择显示导荷载面，使用取消附加信息显示命令可以取消该面的显示。

（2）如果先前导过荷载，那么使用生成封闭面命令后将自动删除以前的封闭面和已经导过的荷载，因此使用生成封闭面后需要使用自动导荷载菜单。

（3）显示封闭面后，可以使用鼠标选中后用 Delete 键删除若干面，即开洞，然后重新进行自动导荷载，这样得到的导荷载值就是开洞后的荷载分布情况，如图 5-17 所示。

（4）当构成封闭面的构件被隐藏时，不绘制封闭面；当构成封闭面的构件与虚杆有重

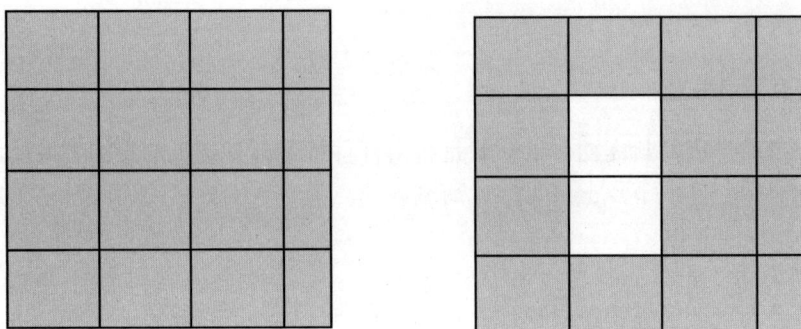

删除导荷载面前的情况   开洞后的情况

图 5-17 　封闭面开洞示意图

复时，不绘制封闭面。

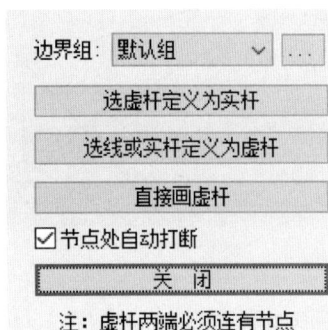

图 5-18 　定义虚杆示意图

注意：特别是带柱整体建模需要侧向封闭面时常常用到上述命令。本项目无须勾选此命令。

添加虚杆：该命令用于生成导荷载的封闭区域，解决了未围成封闭区域构件的导荷载问题。点击"虚实转换"，弹出如下对话框（图 5-18）。采用"直接画虚杆"命令，选择要生成虚杆的两节点，生成虚杆；或者在两节点间画一直线，采用"选线或实杆定义为虚杆"命令，选此直线生成虚杆。

（5）参与封闭面形成的虚杆两端必须连有实际节点，虚杆上默认不分配封闭面的荷载，若在导荷范围中勾选了"虚杆参与导荷"，则可以分配封闭面的荷载。

（6）选择受荷范围时不需要选择形成封闭面的虚杆，软件会根据虚杆两端连接的杆件自动判断。

2. 生成导荷封闭面（图 5-19）

对于重复的封闭面，软件处理如下：

（1）自动判断是否有重复的导风封闭面，如重复则不再生成封闭面。

（2）自动判断是否有重复的自动封闭面，如重复且选择替代，则删掉自动封闭面，保留导风封闭面；如选择保留，则删掉导风封闭面，保留原有的自动封闭面。

（3）点击取消则不生成封闭面。

5.4.4 　自动导荷载

之前的操作相当于把面荷载作用于封闭面上，而此命令的作用是将输入的杆件导荷载和膜面导荷载导到杆件或节点上。特别是风荷载，程序会自动计算出 β_z（本书 5.1.2 节技术条件中荷载中的风荷载系数只有此参数需要程序自动计算），这样风荷载标准值就可以按照《结构通规》4.6.1 条计算。具体详见图 5-20。

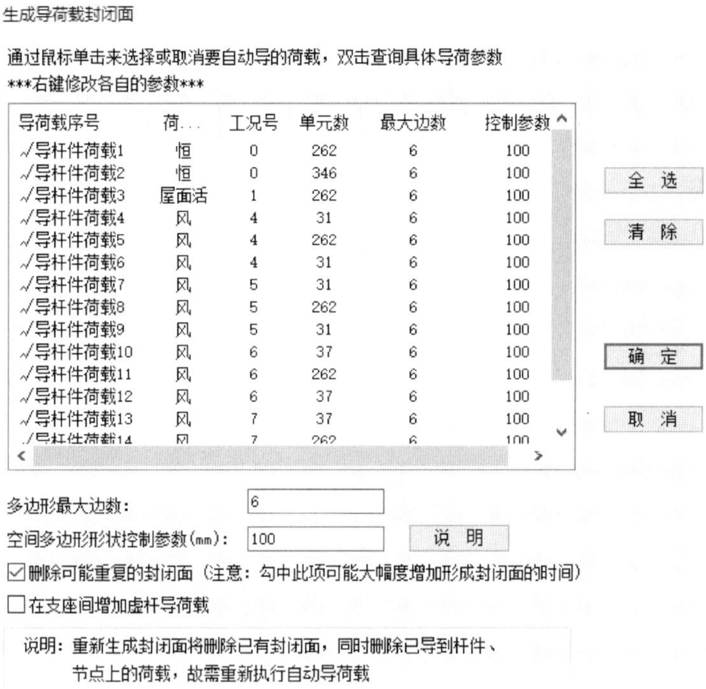

生成导荷载封闭面

通过鼠标单击来选择或取消要自动导的荷载，双击查询具体导荷参数
右键修改各自的参数

导荷载序号	荷…	工况号	单元数	最大边数	控制参数
√导杆件荷载1	恒	0	262	6	100
√导杆件荷载2	恒	0	346	6	100
√导杆件荷载3	屋面活	1	262	6	100
√导杆件荷载4	风	4	31	6	100
√导杆件荷载5	风	4	262	6	100
√导杆件荷载6	风	4	31	6	100
√导杆件荷载7	风	5	31	6	100
√导杆件荷载8	风	5	262	6	100
√导杆件荷载9	风	5	31	6	100
√导杆件荷载10	风	6	37	6	100
√导杆件荷载11	风	6	262	6	100
√导杆件荷载12	风	6	37	6	100
√导杆件荷载13	风	7	37	6	100
√导杆件荷载14	风	7	262	6	100

全 选

清 除

确 定

取 消

多边形最大边数： 6

空间多边形形状控制参数(mm)： 100   说 明

☑删除可能重复的封闭面（注意：勾中此项可能大幅度增加形成封闭面的时间）

☐在支座间增加虚杆导荷载

说明：重新生成封闭面将删除已有封闭面，同时删除已导到杆件、
节点上的荷载，故需重新执行自动导荷载

图 5-19　生成导荷封闭面示意图

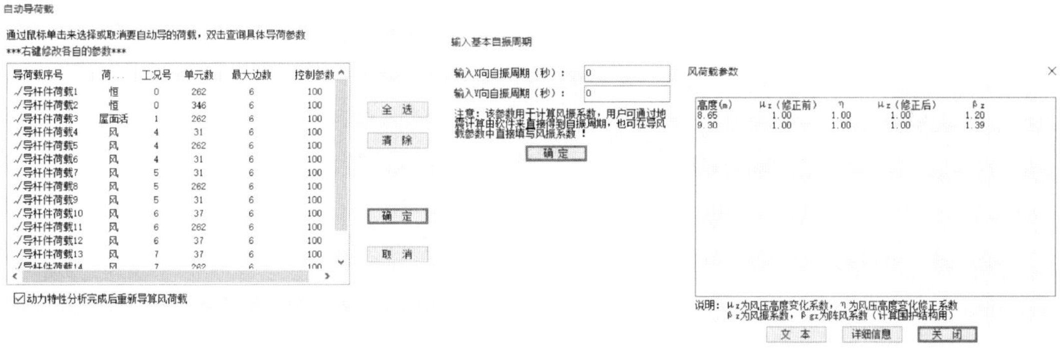

图 5-20　自动导荷载示意图

5.4.5　地震作用

1. 定义地震参数

地震参数的准确与否决定了程序自动计算地震作用的准确性，因此每个参数都务必准确，具体取值参见图 5-21。

《钢结构通用规范》GB 55006—2021（以下简称《钢通规》）：

5.3.4　抗震设防烈度为 8 度及以上的网架结构和抗震设防烈度为 7 度及以上的地区的网壳结构应进行抗震验算。当采用振型分解反应谱法进行抗震验算时，计算振型数应使

41

各振型参与质量之和不小于总质量的 90%。对于体形复杂的大跨度钢结构，抗震验算应采用时程分析法，并应同时考虑竖向和水平地震作用。

由此可知，本项目 8 度区，应进行竖向和水平抗震验算。

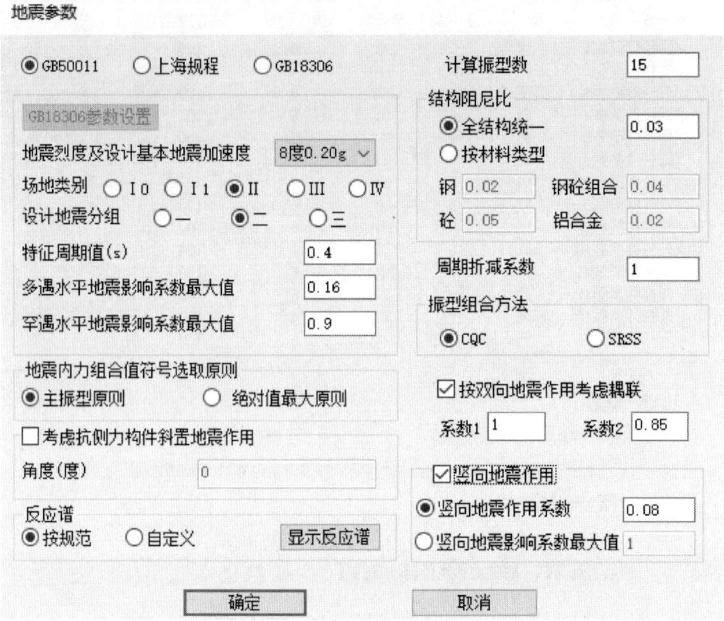

图 5-21　地震参数示意图

参数说明：

（1）规范选用：《建筑抗震设计规范》GB 50011—2010（2024 年版）（以下简称《抗规》），上海市工程建设规范《建筑抗震设计标准》DG/TJ08—9—2023，《中国地震动参数区划图》GB 18306—2015。

GB 18306 参数设置：若"规范选用"选择了"GB 18306"，则应点击此按钮，在弹出的对话框中填写相应参数，参数的填写详见 GB 18306—2015 附录 E。本项目位于北京，选择 GB 50011。

（2）地震烈度及设计基本地震加速度：用于确定地震影响系数，全国规范按 6（0.05g）、7（0.1g）、7（0.15g）、8（0.2g）、8（0.3g）、9 度；《建筑抗震设计规程》DGJ 08—9—2013 按 6（0.05g）、7（0.1g）、8（0.2g）考虑。

本项目位于北京市，按照全国规范 8（0.2g）考虑。

（3）场地土类别：按 I$_0$、I$_1$、II、III、IV 类场地土定义，《建筑抗震设计规程》DGJ 08—9—2013 直接定义为 IV 类。

本项目场地土为一般场地土，按照 II 类场地土。

（4）设计地震分组：按第一组、第二组、第三组定义，《建筑抗震设计规程》DGJ 08—9—2013 直接定义第一组。

本项目位于北京市，按第二组考虑。

（5）多遇地震影响系数最大值：0.16。详见《建筑与市政工程抗震通用规范》GB

55002—2021（以下简称《市政通规》）表 4.2.2-1。

罕遇地震影响系数最大值：0.90。详见《市政通规》表 4.2.2-1。

特征周期值（s）：0.40。详见《市政通规》表 4.2.2-2。

（6）地震内力组合值符号选取原则：主振型原则。按照《抗规》式（5.2.3-5）确定地震作用效应时，公式本身并不含符号，因此地震作用效应的符号需要单独指定。而当选用该参数时，程序根据主振型下地震效应的符号确定考虑扭转耦联后的效应符号，其优点是确保地震效应符号的一致性。

（7）计算振型数：15 个。《空间网格规程》4.4.8 条：当采用振型分解反应谱法进行空间网格结构地震效应分析时，对于网架结构宜至少取前 10 个～15 个振型，对于网壳结构宜至少取前 25 个～30 个振型，以进行效应组合；对于体型复杂或重要的大跨度空间网格结构需要取更多振型进行效应组合。

（8）结构阻尼比：0.03。用于确定地震影响系数，根据抗震标准相应条文取值。软件给出了两种定义阻尼比方式：全结构统一阻尼比、按材料类型进行自动加权计算阻尼比。一般结构的阻尼比可参考下值：

1）钢结构屋盖：在进行结构地震效应分析时，对于周边落地的空间网格结构，阻尼比值可取 0.02；对设有混凝土结构支承体系的空间网格结构，阻尼比值可取 0.03，参见《空间网格规程》4.4.10 条。本项目为设有四根混凝土柱支承的钢结构屋盖，取 0.03。

2）钢结构框架的阻尼比：多遇地震下的计算，高度不大于 50m 时可取 0.04。参见《抗规》8.2.2 条。

3）钢屋盖和下部结构协同分析：详见《抗规》10.2.8 条。

屋盖钢结构和下部支承结构协同分析时，阻尼比应符合下列规定：

1 当下部支承结构为钢结构或屋盖直接支承在地面时，阻尼比可取 0.02。

2 当下部支承结构为混凝土结构时，阻尼比可取 0.025～0.035。

（9）周期折减系数：1.0。本项目柱间无砌体墙，不考虑周期折减。

（10）软件提供了两种振型组合方法：CQC 法和 SRSS 法。

1）CQC 法是完全平方根组合（Complete Quadratic Combination）法，是目前应用最广泛的组合方式。

CQC 法是以随机振动理论为基础，考虑了振型阻尼引起的邻近振型间的静态耦合效应，CQC 法是我国 2002 版抗震标准推荐使用的振型组合方式之一，并且规范要求如果结构扭转效应比较明显，并且振型间存在较强的耦联，一般推荐使用 CQC 组合方法。

2）SRSS 法是平方和的平方根法，这种方法假设所有最大模态值在统计上是相互独立的，通过求各参与组合的振型的平方和的平方根来进行组合。SRSS 法不考虑两个方向地震作用出现峰值统计上的相关性，因此组合值相对比较保守。SRSS 法是我国 2002 版抗震标准推荐使用的振型组合方式之一。

综上所述，本项目振型组合方法选择 CQC 法。

（11）按双向地震考虑耦连：系数按照程序默认即可，自动考虑耦连，并按《抗规》5.2.3 条完成计算。笔者建议一般勾选。

（12）竖向地震作用：可以按竖向地震影响系数最大值取值，也可以按竖向地震作用系数取值，由读者确定。笔者建议一般按竖向地震作用系数取值，本项目位于北京市，8度区，Ⅱ类场地土，平板网架，查《抗规》表5.3.2可知，竖向地震作用系数为0.08。

（13）考虑抗侧力构件斜置地震作用：一般用于钢框架，本项目不考虑。

（14）反应谱：提供按规范和自定义两种方法来定义反应谱。常规项目选用按规范即可。除非项目有特殊要求或者超规范设计，自定义反应谱时可以通过Excel导入和导出反应谱数据。本项目反应谱选用按规范。

2. 定义质量源

质量源与重力荷载代表值的关系主要体现在结构动力分析和地震作用计算中。

质量源是SAP2000软件中的一个重要概念，它定义了结构动力分析所需要考虑的结构质量的计算方式，质量源将程序中质量和自重这两个概念清晰地区分开来。在中国规范中，结构动力分析和结构地震作用计算基于建筑物的重力荷载代表值，这个值定义了求解地震作用时结构质量的计算方法。

重力荷载代表值和重量是有关系的，但不等价。每层的重力荷载代表值等于每层的恒载乘以组合系数加上每层的活载乘以组合系数。在中国抗震标准中，自重等恒载的组合系数为1.0，活荷载的组合系数一般为0.5。在结构动力分析中，质量源的概念使得结构质量和自重可以分开处理，确保在地震作用计算中能够准确反映结构的质量分布。

程序中用于确定重力荷载代表值及重力荷载代表值组合系数；确定方法可依据《市政通规》表4.1.3；本项目按照默认即可，一般情况下应如图5-22所示。注意：本案例仅定义屋面活荷载，并未定义活荷载工况，而由《市政通规》表4.1.3可知，屋面活荷载是不参与地震作用组合的，因此大家看到的实际如图5-23所示。由于本项目为小跨度，一般而言轻钢屋面地震作用不占主控作用。若想精确计算，可在工况定义时既定义屋面活荷载也定义雪荷载，或者直接将屋面活荷载用活荷载定义代替。

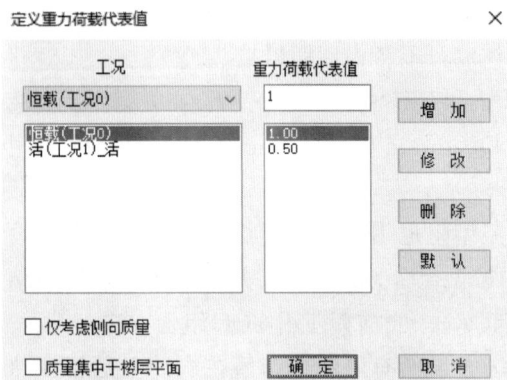

图5-22　一般情况质量源示意图　　　　图5-23　本案例质量源示意图

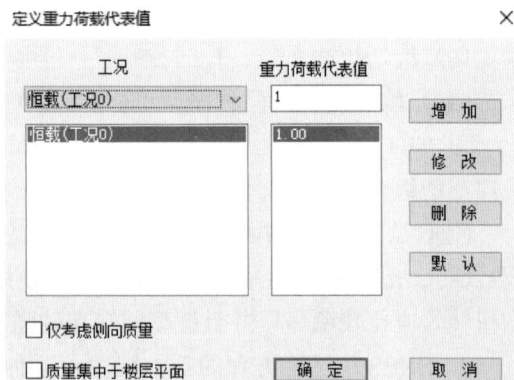

（1）仅考虑侧向质量：表示计算地震作用时，仅考虑质量源对水平地震作用的贡献，也就是只考虑水平地震作用。竖向地震作用可以通过重力荷载方法考虑。本项目水平及竖向地震作用均需考虑，不打钩。

（2）质量集中于楼层平面：一般用于钢框架这类有明确楼层概念的结构，本项目不打钩。

3. 定义附加质量

在某些情况下，需要考虑结构的附属重量对地震的影响，但又不考虑这部分荷载为一般的恒载工况，此时输入附加质量。比如，附属在厂房主结构上的围护墙，平时不作为荷载，地震时需考虑其对主结构的作用，此时作为附加质量输入。附加质量可以简化为节点的集中质量块，也可以考虑为杆件上的均布质量。本项目无此情况，因此本项无须考虑。

5.4.6 定义温度作用

由于之前建模已经定义了升温和降温，此处会自动读入之前的结果。如图 5-24 所示。

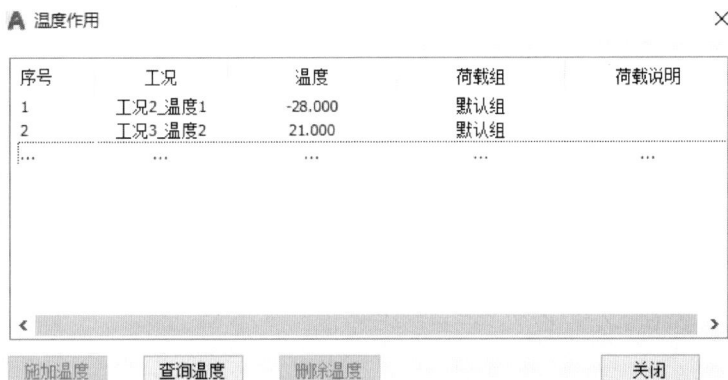

图 5-24 温度作用示意图

5.4.7 定义节点自重

输入节点自重占杆件自重的比例或者节点自重，在内力分析时用于考虑节点自重的影响。

之前的建模已经定义了节点自重占杆件自重比例为 20%，此处可以通过显示节点自重查看，操作详见图 5-25。

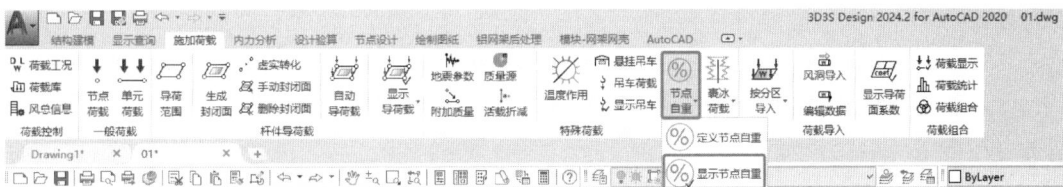

图 5-25 显示节点自重示意图

5.4.8 定义荷载组合

之前对荷载工况及标准取值、地震与温度等间接作用都进行了定义，但是结构设计需要用到承载能力对应的荷载基本组合工况，因此需要对这些直接作用和间接作用进行组合，操作详见图 5-26。

由于查看网架挠度需要用到荷载的标准组合工况，此处需手动添加，操作详见图 5-27。

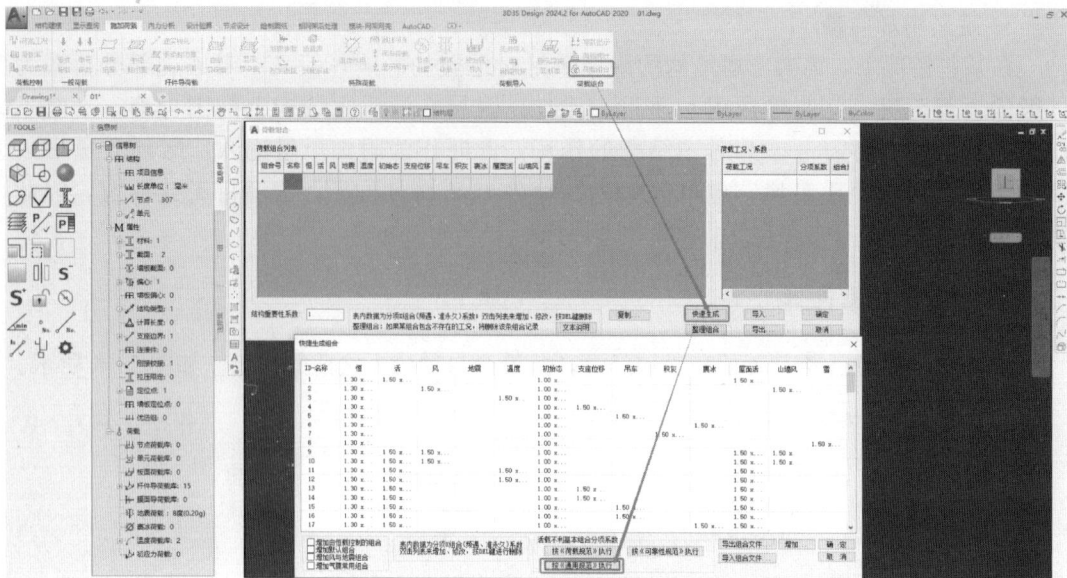

图 5-26　荷载组合示意图

图 5-27　荷载组合自定义示意图

5.5　内力分析

5.5.1　定义结构类型

空间网架结构的运动是三维的，所以结构类型选择"3-D"。质量本身是标量，但结构在计算中分 X、Y、Z 三个方向的自由度，由 $F = ma$，则质量也要有三个方向的标量（大小相等，且＞0），因此，选择"转化为 X、Y、Z"。如图 5-28 所示。

5.5.2　检查模型

点击此功能块后，软件对模型做初步的检查，判断是否存在建模问题；检查的内容包括截面、材性、方位是否定义、所有相交构件是否打断、是否存在特别短或特别长的单元等；其中判断可能是机构的点的依据如图 5-29 所示，平面内相交的 4 根构件在相交点都

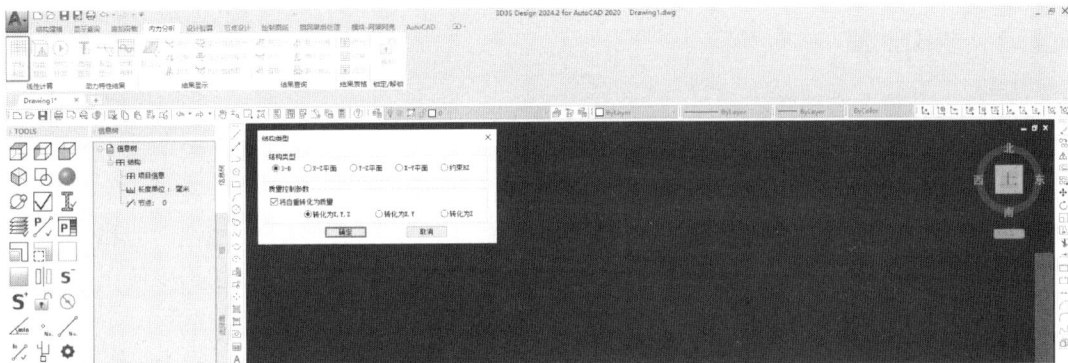

图 5-28　结构类型示意图

做单元释放的话，软件判断其为机构。

注意：初步检查时只针对特定项，检查出来不符合特定项的内容不一定是模型的错误，比如两根剪刀撑可以在相交点不打断，但软件仍旧提示该处没有打断；同时模型的错误如果不在特定项中，软件也不能自动检查出来；因此本命令只是一个辅助工具，模型错误的检查主要取决于读者的熟练程度。

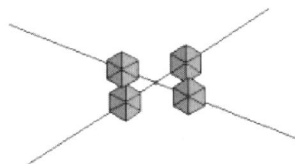

图 5-29　机构点示意图

在进行内力分析之前，一般要进行模型检查的操作，以免因为模型的一些常见错误而引起软件的错误提示。

可能提示的问题：

（1）有重复的单元节点，执行结构编辑—删除重复单元节点操作。

（2）有小于 50mm 距离的点。在显示参数把允许误差调大后，执行结构编辑—删除重复单元节点操作。

（3）提示可能是机构的点，点击显示查询—构件查询，输入提示的节点号。找到模型中所在位置，显示周边杆件，查看该节点是否有问题并修改。

（4）提示杆件未打断，如果是支撑构件，请定义构件类型为"中心支撑"。如果不是，请执行杆件两两相交打断命令进行打断。

最终程序执行此命令后应该无错误信息才能进入下一步，如图 5-30 所示。

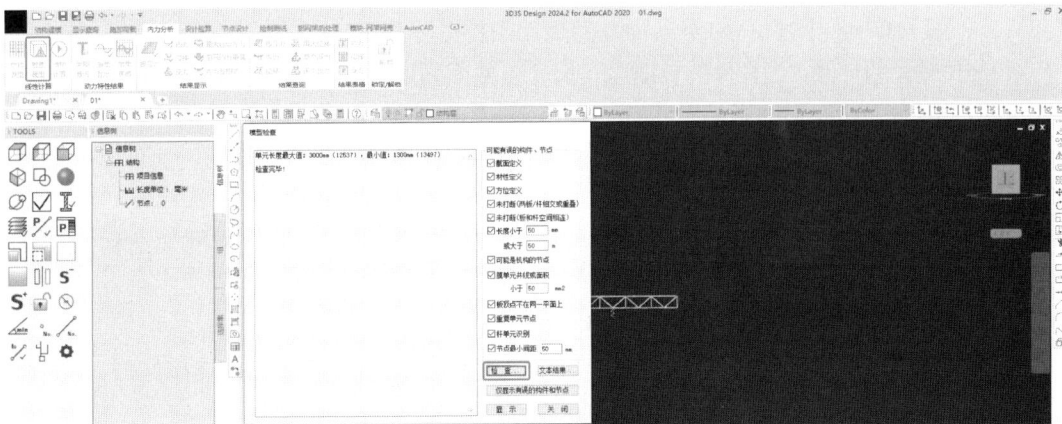

图 5-30　模型检查示意图

47

5.5.3 结构计算

1. 结构计算内容选择

动力特性分析：指计算结构的自振周期和振型的确定，必须和荷载菜单中动力特性参数、地震作用参数以及定义质量源菜单结合使用。

线性分析：指计算结构在每个工况下（包括地震工况）和组合下的线性内力和位移。

初始态确定以及线性稳定分析和非线性分析一般在索膜结构或壳体结构中使用，此处省略。如图 5-31 所示。

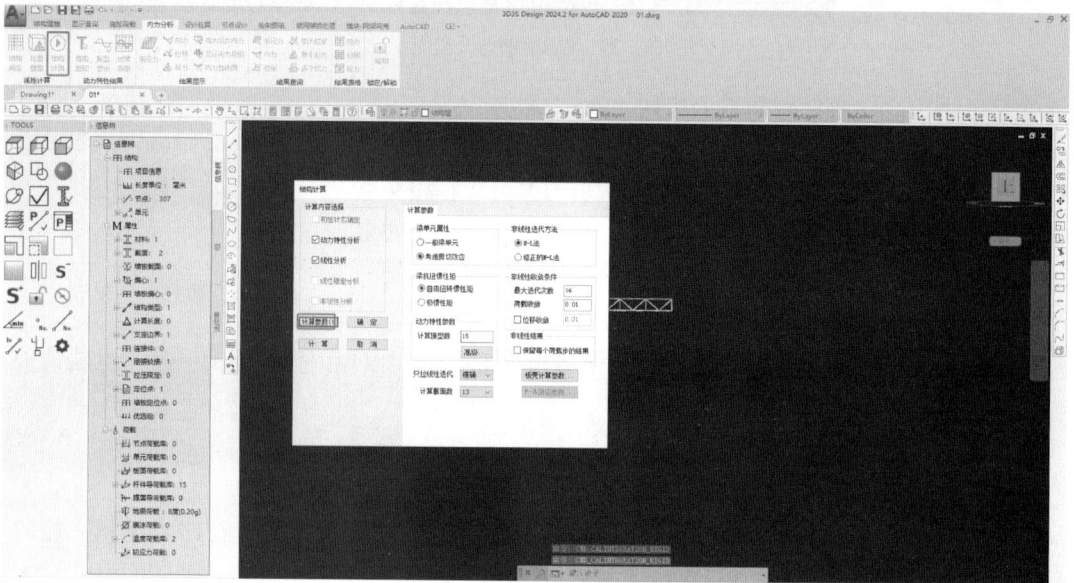

图 5-31 结构计算示意图

2. 计算参数

（1）梁单元属性：分为一般梁单元与考虑剪切效应梁单元两种。一般梁单元即通常描述的欧拉—伯努利梁单元；考虑剪切效应梁单元即铁木辛柯梁单元，软件中仅线性梁单元考虑了剪切效应属性。

1）一般梁单元（欧拉—伯努利梁）的适用条件

长细比较大的杆件：当杆件的长细比（长度与截面高度之比）较大（通常建议$L/h>20$）时，剪切变形对整体变形的影响较小（一般小于 5%），可忽略剪切效应。

线性小变形分析：对于常规的静力线性分析或模态分析，若剪切变形占比低，一般梁单元已足够。

计算效率需求：一般梁单元自由度更少，计算速度快，适合大规模网架结构的初步设计。

2）需考虑剪切效应（铁木辛柯梁）的情况

短粗杆件：当长细比 $L/h<10$ 时（例如网架中的局部加强杆或节点连接区域），剪切变形显著，必须考虑。

深梁或组合截面：截面高度较大或采用夹层/复合材料时，剪切刚度可能较低。

非线性或动力分析：在弹塑性分析、屈曲分析或动力响应分析中，剪切变形可能显著影响结构耗能或失稳模式。

材料特性影响：若材料剪切模量 G 较低（如橡胶基复合材料、蜂窝结构等），需显式计入剪切效应。

高精度要求：对变形或应力分布精度要求高的场合（如疲劳分析），需更精确的模型。

网架通常由大量细长杆件（钢管、型钢等）铰接或刚接组成，整体表现为空间桁架或刚架混合体系。

若为铰接杆件：以轴力为主，无须考虑剪切变形，可直接用一般梁单元。

若为刚接杆件：需用梁单元，此时长细比是关键。大多数网架构件长细比较大，一般梁单元即可满足；但局部区域（如支座附近、加强构件）可能需要铁木辛柯梁。

结论：网架结构采用铁木辛柯梁对细长杆件计算足够精确（与欧拉—伯努利梁结果一致），且能兼容复杂工况，推荐作为默认选择。

（2）抗扭惯性矩：软件可以采用两种抗扭惯性矩，即极惯性矩或自由扭转惯性矩。采用自由扭转惯矩，事实上是低估了构件的抗扭能力，放大了计算的扭转位移；采用极惯性矩，是高估了构件的抗扭能力，特别是开口薄壁构件，扭转位移计算值将小于实际值。建议默认采用自由扭转惯矩，通过显示和查询位移可以偏安全地提示结构的抗扭措施可能不足。

当计算值偏大时，应采取构造措施予以防止。

其余参数，有的前面已经阐述过，有的需要非线性分析才用得到，此处省略。

5.5.4 周期、内力及位移合理性判断

此处须先行强调：由于读者进行到这一步时，网架杆件均为初始赋予的截面，并不是软件经过内力计算后再根据抗力与效应限值优化迭代后的最终杆件截面，平时设计应该先进行杆件自动优化后（后面章节会有详细论述）再到此处判断合理性。但为了符合软件的顺序，也方便新人的查阅，本书直接采用优化迭代后的最终杆件截面进行讲解，读者务必注意。

1. 周期合理性判断

（1）自振周期关键影响因素

跨度：跨度越大，周期越长（线性相关性较强）。

网格密度：网格越密（杆件越多），刚度越大，周期越短。

支座刚度：弹性支座的水平刚度直接影响周期（如橡胶支座刚度每降低 10%，周期增加 5%～8%）。

质量分布：屋盖附加荷载（设备、吊顶等）会显著增大周期。

（2）自振周期量化参考

网架结构的自振周期范围：根据大量实际项目统计，对于中小跨度一般在 0.5～1.5s。根据支座形式、支承形式等不同因素可能有些特殊情况会突破此区间，但不应误差太大。

本项目自振周期为 $T_1=0.76167s$，位于此区间，如图 5-32 所示。

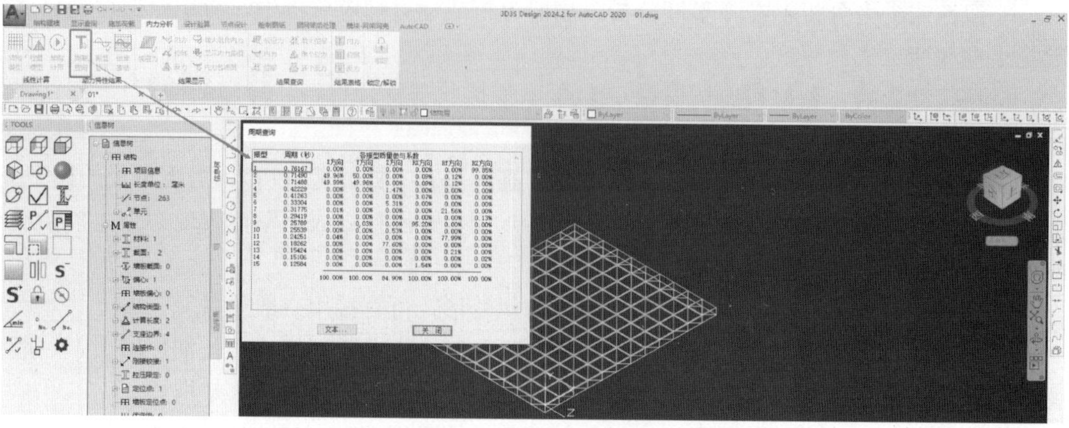

图 5-32　自振周期示意图

（3）各振型质量参与系数

《空间网格规程》4.4.8 条条文说明：为设计人员使用简便，根据大量计算机分析，本条给出振型分解反应谱法所需至少考虑的振型数。按《建筑抗震设计规范》GB 50011—2001条文说明，振型个数一般亦可取振型参与质量达到总质量 90％所需的振型数。

由图 5-28 可知，X、Y 两个方向的振型质量参与系数均满足＞90％的要求，Z 方向振型质量参与系数只有 84.9％，小于 90％的要求，这种情况一般采用增加计算振型数的方法解决。本项目将初始的计算振型数由 15 个增加到 50 个，重新计算即可满足要求。理论上若不满足可继续增加。

（4）查看是否整体振动

前几个周期应该是整体振动而非局部振动，应该通过"振型显示"逐一查看。否则，应该根据局部振动部位查找是否有杆件没有与整体相连，找出问题修改到满足为止。整体振动只能在计算机上呈现，本书给出观看位置，如图 5-33 所示，请读者自行验证。

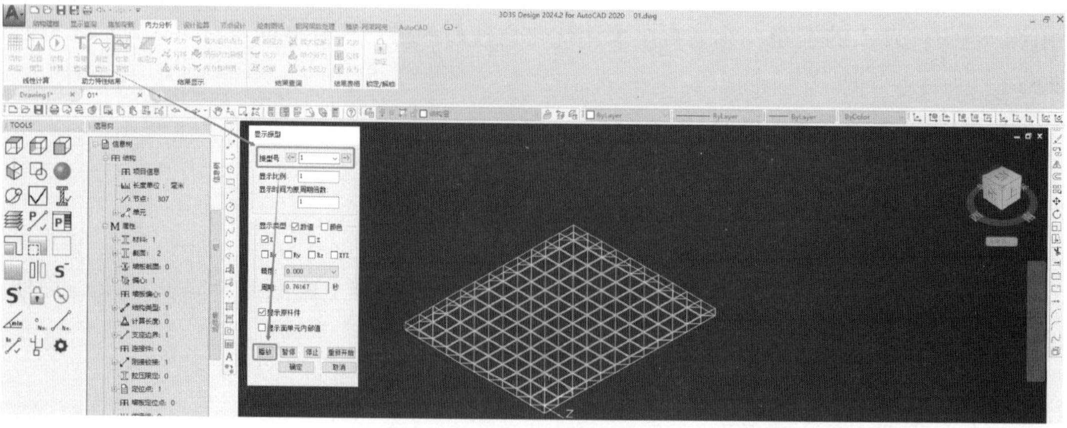

图 5-33　整体振动示意图

2. 内力合理性判断

（1）整体内力

内力对称性：结构布置对称，支座约束对称，荷载对称，因此，整个网架结构整体上内力应该对称，否则必须返回检查并修改直到满足为止。以正对称恒载和屋面活荷载为例，由图 5-34 的内力云图可知，内力的确为正对称，满足之前总结的规律。

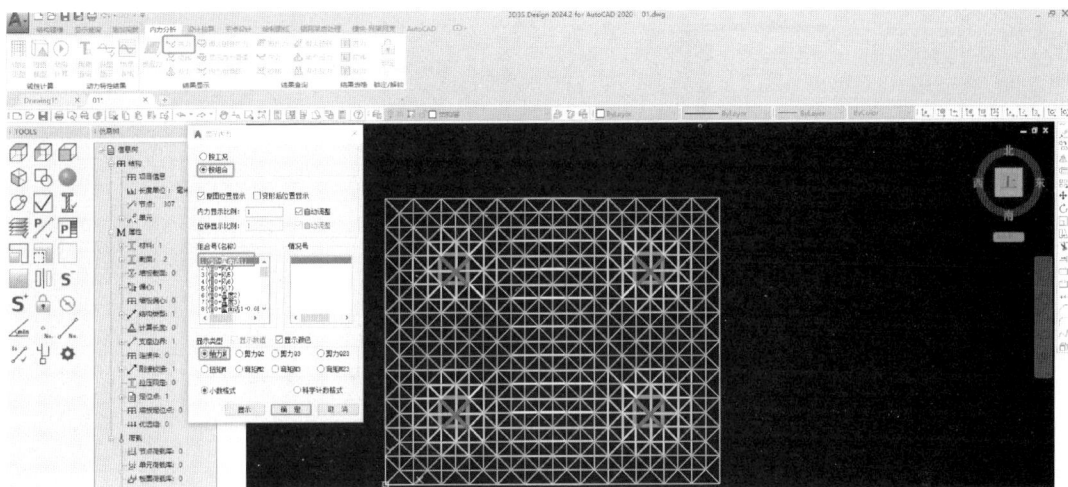

图 5-34　整体内力对称性示意图

（2）构件内力

从带悬臂的单跨结构内力规律来看，支座处上弦杆受拉，下弦杆受压，跨中上弦杆受压，下弦杆受拉，由图 5-35 可知，本项目构件内力的确符合这个规律。

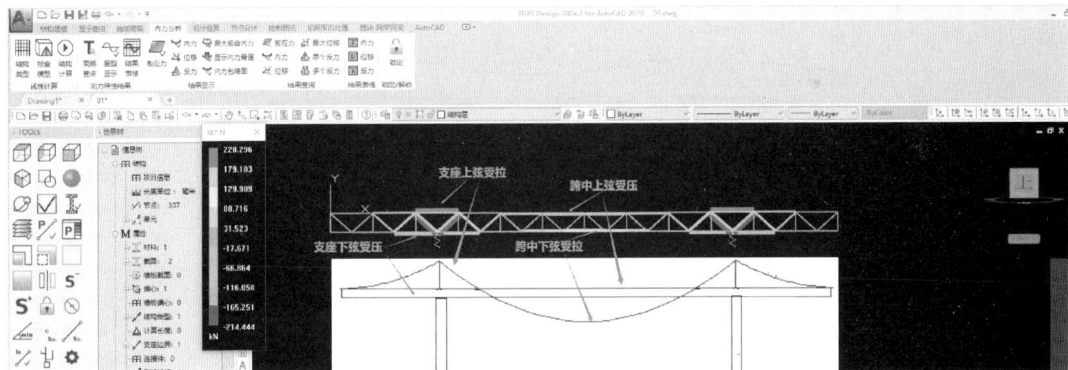

图 5-35　带悬臂的单跨结构内力规律示意图

支座反力：N_1、N_2、N_3、M_1、M_2、M_3 方向与节点坐标系一致，正方向为正，负方向为负，节点弯矩符合右手螺旋定则，N 表示反力，R 表示弯矩。节点坐标系为计算节点属性所建立的临时局部坐标系，默认与世界坐标系一致，默认节点坐标系的 1、2、3 轴分别对应世界坐标系的 X、Y、Z 轴，如图 5-36 所示。

本项目支座刚度模拟时并未约束支座节点转动，因此 $M_1 = M_2 = M_3 = 0$，具体详见图 5-37。

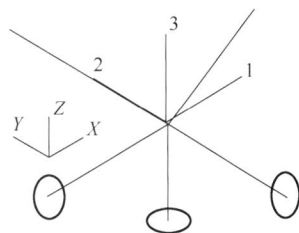

图 5-36　支座节点局部坐标和世界坐标系的关系示意图

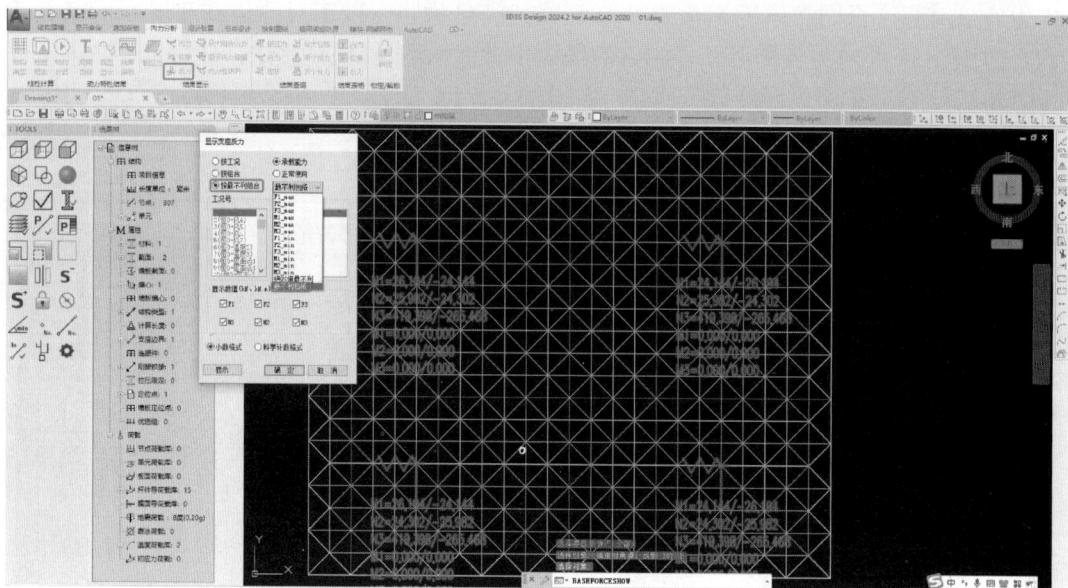

图 5-37　支座反力示意图

3. 位移合理性判断

（1）位移曲线

在竖向荷载作用下，本项目网架竖向位移变形规律理论上如图 5-38 所示，与软件计算完成后竖向位移变形图（图 5-39）基本一致。

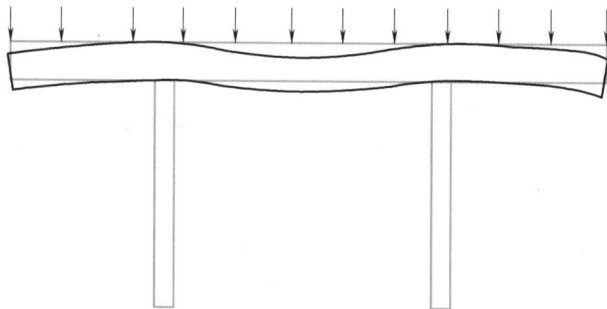

图 5-38　竖向荷载作用下理论位移变形示意图

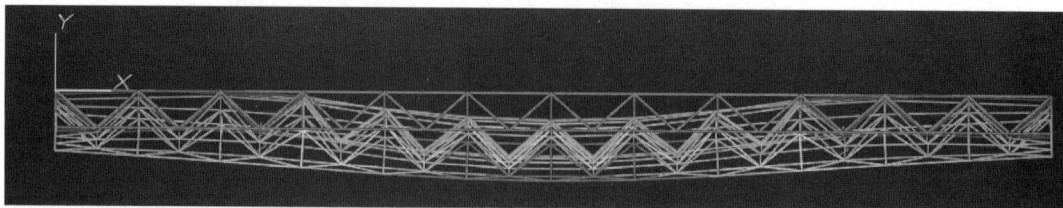

图 5-39　本项目竖向荷载作用下位移变形示意图

（2）竖向位移变形限值

《空间网格规程》规定，空间网格结构在恒荷载与活荷载标准值作用下（本项目定义这种工况为 BZ）的最大挠度值不宜超过表 3.5.1 中的容许挠度值。一般情况下，按强度控制而选用的杆件不会因为这样的刚度要求而加大截面。至于一些跨度特别大的网架，即使采用了较小的高度（如跨高比为 1/16），只要选择恰当的网架形式，其挠度仍可满足小于 1/250 跨度的要求。

表 3.5.1 空间网格结构的容许挠度值

结构体系	屋盖结构(短向跨度)	楼盖结构(短向跨度)	悬挑结构(悬挑跨度)
网架	1/250	1/300	1/125
单层网壳	1/400	—	1/200
双层网壳 立体桁架	1/250	—	1/125

注：对于设有悬挂起重设备的屋盖结构，其最大挠度值不宜大于结构跨度的 1/400。

本项目网架短跨为 18m，允许挠度值为 18000/250＝72mm。如图 5-40 所示，标准荷载组合下的竖向最大位移为 45.025mm＜72mm，满足要求。

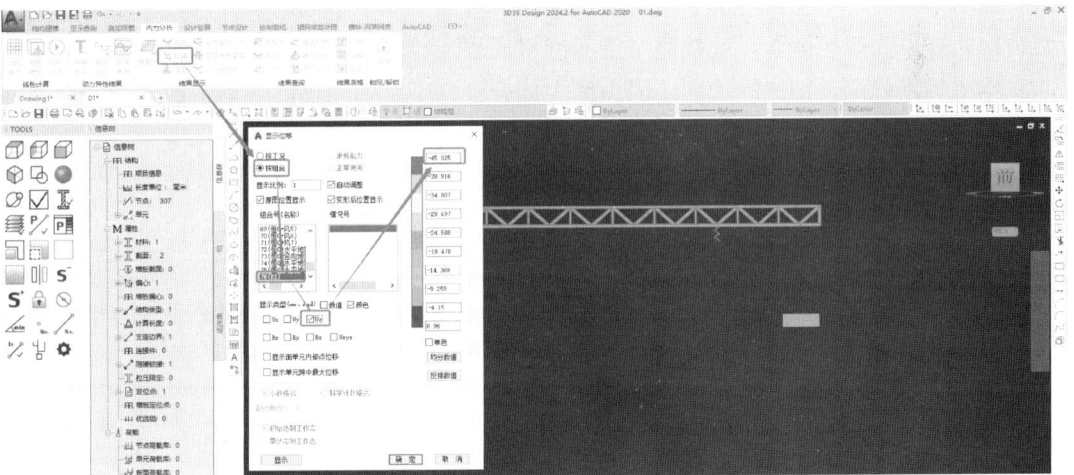

图 5-40 标准荷载作用下竖向最大位移示意图

6 设计验算

6.1 选择验算规范

提醒：之前在周期和内力及位移判断时用到的是优化迭代后的最终杆件截面，而实际上读者进行到这一步时，网架杆件均为初始赋予的截面，平时设计应该先进行杆件自动优化后再进行周期和内力及位移的合理性判断。而要进行杆件自动优化必须给杆件赋予验算不同规范，规范不同，构造要求不同，自动优化出的杆件截面大小就不同。特别是对于复杂一点的结构，一个项目内部不同功能区的构件可能要赋予不同的验算规范。本项目为网架结构，杆件为焊接圆管，应按照《空间网格规程》验算并修改相关参数。

本书特别强调长细比的选取，因为绝大部分杆件不是强度控制，不是稳定控制就是构造长细比控制。

《空间网格规程》5.1.3 条：杆件的长细比不宜超过表 5.1.3 中规定的数值。

表 5.1.3　杆件的容许长细比 [λ]

结构体系	杆件形式	杆件受拉	杆件受压	杆件受压与压弯	杆件受拉与拉弯
网架 立体桁架 双层网壳	一般杆件	300	180	—	—
	支座附近杆件	250		—	—
	直接承受动力荷载杆件	250		—	—
单层网壳	一般杆件	—	—	150	250

从上表可以看出，理论上网架受压杆件允许长细比为 180，受拉长细比根据受拉部位分为 300 和 250。但是，《空间网格规程》5.1.6 条指出：对于低应力、小规格的受拉杆件其长细比宜按受压杆件控制。根据其条文说明：由于大量的空间网格结构实际工程中，小规格的低应力拉杆经常会出现弯曲变形，其主要原因是此类杆件受制作、安装及活荷载分布影响时，小拉力杆转化为压杆而导致杆件弯曲，故对于低应力的小规格拉杆宜按压杆来控制长细比。

综上所述，本项目无论是受压还是受拉杆件均采用允许长细比为 180。其他参数（与网架结构无关的参数此处省略）相对容易理解，直接按图 6-1 修改并框选整个网架即可。

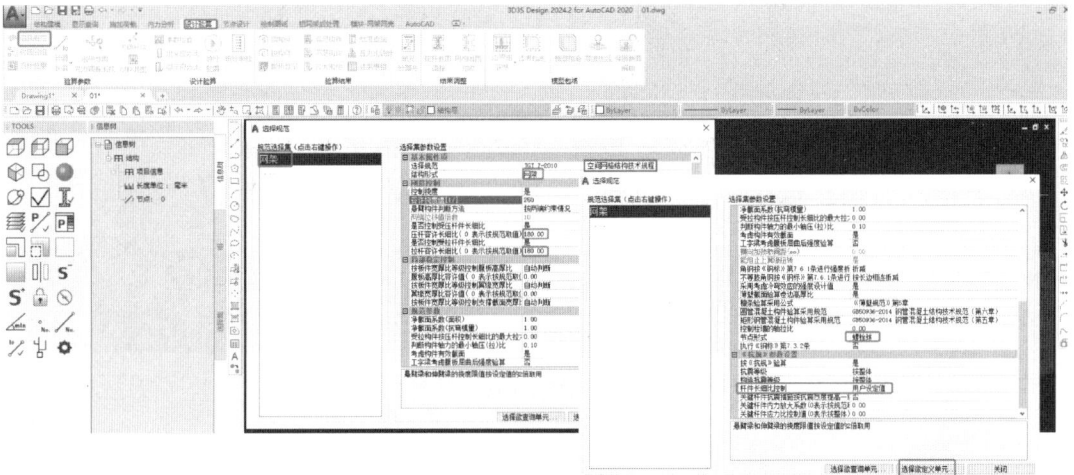

图 6-1　设计规范参数修改示意图

6.2　修改计算长度

《空间网格规程》5.1.2 条：确定杆件的长细比时，其计算长度 l_0 应按表 5.1.2 采用。

表 5.1.2　杆件的计算长度 l_0

结构体系	杆件形式	节点形式				
		螺栓球	焊接空心球	板节点	毂节点	相贯节点
网架	弦杆及支座腹杆	$1.0l$	$0.9l$	$1.0l$	—	—
	腹杆	$1.0l$	$0.8l$	$0.8l$	—	—
双层网壳	弦杆及支座腹杆	$1.0l$	$1.0l$	$1.0l$	—	—
	腹杆	$1.0l$	$0.9l$	$0.9l$	—	—
单层网壳	壳体曲面内	—	$0.9l$	—	$1.0l$	$0.9l$
	壳体曲面外	—	$1.6l$	—	$1.6l$	$1.6l$
立体桁架	弦杆及支座腹杆	$1.0l$	$1.0l$	—	—	$1.0l$
	腹杆	$1.0l$	$0.9l$	—	—	$0.9l$

注：l 为杆件的几何长度（即节点中心间距离）。

从上表可知，本项目网架结构采用螺栓球节点，无论弦杆还是腹杆，其杆件计算长度系数均为 1.0。

软件修改计算长度有两种输入方法：定义长度表示直接输入计算长度，量纲为毫米；定义系数表示输入无量纲的系数，该系数乘以单元的几何长度作为计算长度。在定义了长度后，相应的系数必须为 0，同样定义了系数后，相应的长度为 0，软件只识别一个值。

因此，本项目计算长度系数均为 1.0，无须修改。如图 6-2 所示。

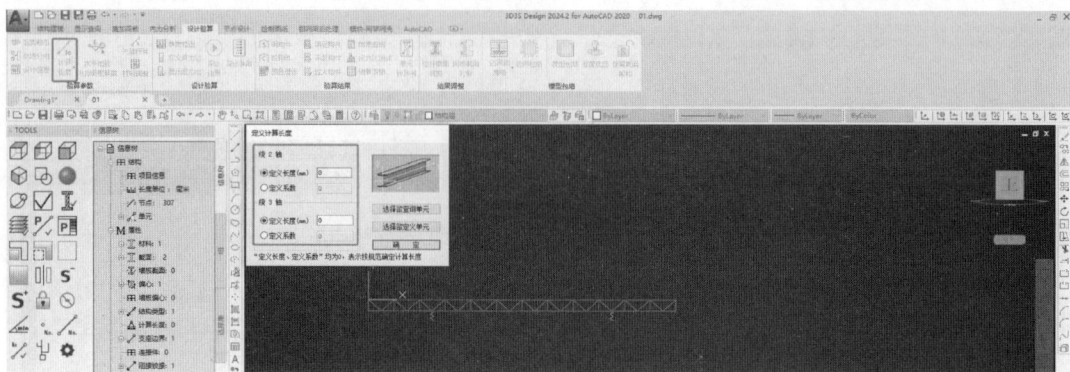

图 6-2　计算长度修改示意图

6.3　定义关键杆件

《抗规》10.2.13 条注：对于空间传力体系，关键杆件指临支座杆件，即：临支座 2个区（网）格内的弦、腹杆；临支座 1/10 跨度范围内的弦、腹杆，两者取较小的范围。对于单向传力体系，关键杆件指与支座直接相临间节的弦杆和腹杆。关键节点为与关键杆件连接的节点。

其条文说明进一步说明：大跨屋盖结构由于其自重轻、刚度好，所受震害一般要小于其他类型的结构。但震害情况也表明，支座及其邻近构件发生破坏的情况较多，因此通过放大地震作用效应来提高该区域杆件和节点的承载力，是重要的抗震措施。由于通常该区域的节点和杆件数量不多，对于总工程造价的增加是有限的。由于《抗规》10.2 节整节都是大跨屋盖建筑，因此，对于中小跨度无须考虑关键杆件定义，故本项目也无须考虑此项。如果大跨度，需要定义关键杆件时，可参见图 6-3。定义完成后，关键杆件会红色高亮显示，方便检查。

注意："自动搜索"仅支持对关键杆件的定义，"读者指定"可定义关键杆件及非关键杆件。

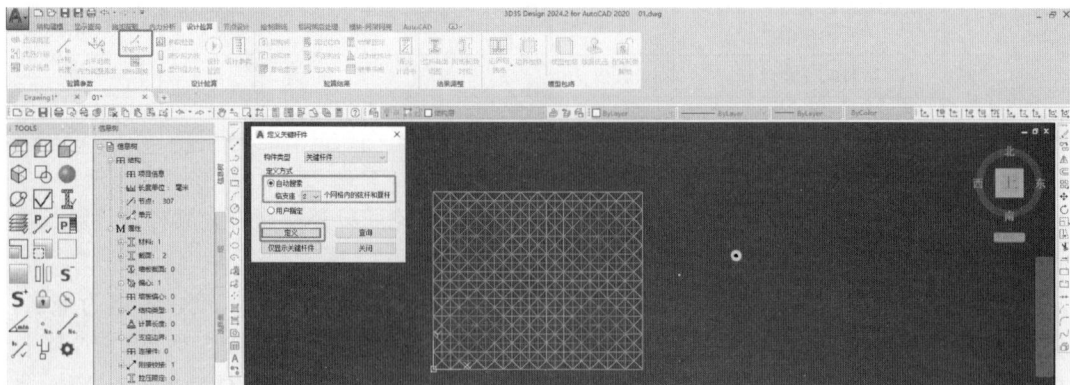

图 6-3　定义关键杆件示意图

6.4 参数检查

无论选择哪种结构类型，软件都会执行下列检查：

（1）所有构件是否都定义了材性，且材性与截面匹配。

（2）优选分组中是否存在截面类型不同的单元。

（3）若在"增加验算组"对话框中选择"指定范围"，检查指定的截面是否与备选截面一致。

（4）检查是否存在软件不支持的缀件形式。

（5）若模型中存在铝合金构件，检查是否选择铝合金规范；或选择了铝合金规范，检查备选单元是否是铝合金材性。

其他比如门刚、钢框架、塔架等结构形式还需要执行一些检查，此处不再展开，读者可自行查阅相应技术手册。

本项目参数检查如图 6-4 所示。

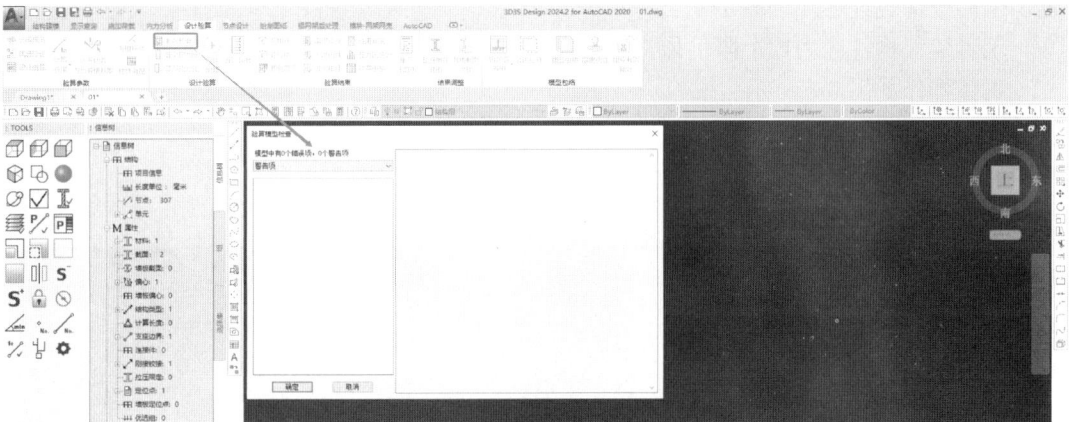

图 6-4　参数检查示意图

6.5 定义应力比

定义构件应力比：定义和查询杆件验算的应力比上下限。

下限、上限：判断截面过大或过小的标准。下限是指杆件的应力（包括强度应力、稳定应力）与材料设计强度的比值应该大于该值，认为截面合理，否则截面过大；上限是指杆件的应力与材料设计强度的比值应小于该值，否则认为截面过小；允许勾选使四种验算方式采取统一应力比限值，也可以分别定义不同限值。对于截面上、下限值的具体量化，笔者建议"截面优化"下限值取 0.3，上限值取 0.85；截面校核下限值取 0.3，上限值取 0.95。

6.5.1 应力比下限值越大越好还是越小越好？

要回答这个问题，就要清楚构件应力比下限值的定义或者含义：指杆件的应力（包括强度应力、稳定应力）与材料设计强度的比值。如果太小，比如下限值为0.1，也就是构件应力仅为允许值的10%，其截面尺寸明显太大了，远超出实际需求，材料未被充分利用，直接增加建造成本。

那么是不是越大越好呢？比如下限值为0.7，这时的构件截面足够小，但是极有可能满足不了构件长细比的要求，也就是要同时满足这两个条件，在标准库截面中可能找不到这样的构件。因为绝大部分构件在满足构件长细比的前提下，其应力比很小。

笔者建议构件应力比下限值取0.3。

6.5.2 应力比上限值越大越好还是越小越好？

同理，构件应力比上限值的定义或者含义：指杆件的应力（包括强度应力、稳定应力）与材料设计强度的比值。如果太小，比如取值为0.5，在满足长细比的前提下其截面尺寸明显太大了，远超出实际需求，材料未被充分利用，直接增加建造成本。如果太大，比如取值为1.0，在构件优选之后需要重新进行内力计算分析，因为优选后杆件截面发生变化，整体刚度和相对刚度都会发生变化，内力也会重新分布，原先通过应力比值1.0优选出来的杆件也许就无法满足了。

笔者建议构件应力比上限值取0.95，预留一定的调整空间。

具体操作如图6-5所示。

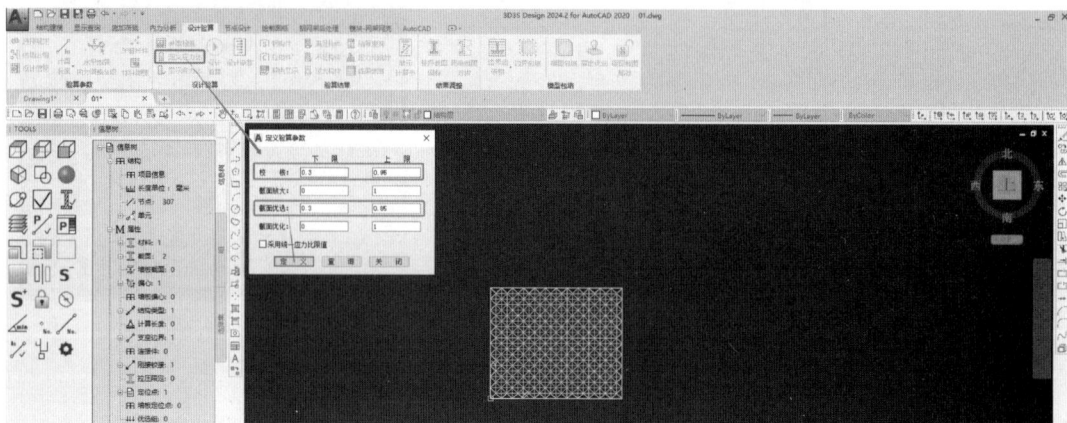

图6-5　定义应力比示意图

由于这里的参数选择对新人来说理解有困难，而且影响含钢量，此处重点阐述。

1. 截面放大

定义：当构件的应力比（实际应力与允许应力的比值）超过限值时，软件自动选择更大的截面以满足设计要求。

特点：

单向调整：仅针对验算不通过的构件，单纯增大截面尺寸（如增大截面高度、翼缘宽度等）。

安全性优先：优先保证结构安全，可能忽略经济性。

适用场景：初步设计阶段快速解决截面强度不足的问题，或用于局部调整。

局限性：可能导致材料浪费，无法全局优化结构经济性。

实际应用建议：用于快速解决局部验算不通过的问题，但需注意经济性。

2. 截面优选

定义：根据预设的截面库和设计条件，从多个候选截面中选择最符合要求的截面（如满足应力比要求且材料用量较优）。

特点：

多目标筛选：综合考虑强度、稳定性、经济性等因素，从既有截面库中筛选最优解。

规则驱动：基于预设的优选规则（如最小重量、最小截面高度等）进行选择。

适用场景：适用于标准截面库中存在多个可行解的情况，快速平衡安全性与经济性。

局限性：依赖截面库的丰富程度，无法生成非标截面。

实际应用建议：常规设计首选，兼顾效率与合理性。

3. 截面优化

定义：通过数学优化算法（如遗传算法、梯度下降等），在满足应力比约束的前提下，自动调整截面参数（如高度、厚度等），寻求材料最省或成本最低的截面形式。

特点：

参数化调整：可能突破标准截面库的限制，生成非标截面或调整组合参数。

全局优化：考虑整体结构性能，可能与其他构件协同优化。

适用场景：精细化设计阶段，追求极致经济性或特殊工程需求。

局限性：计算复杂、耗时长，需结合工程经验验证可行性。

实际应用建议：对经济性要求极高或非标设计时使用，需配合人工校核。因为寻求材料最省或成本最低的截面形式，极大可能突破标准截面库的限制，生成非标截面或调整组合参数。以网架举例，比如生成的截面不是徐州库的标准管件截面，那么后面的封板、锥头等也就无法自动匹配，会相当麻烦，因此常规设计会选择"截面优选"而不是"截面优化"。

结论：本项目网架采用"截面优选"。

6.6　设计验算

定义完应力比限值后即可开始设计验算，主要是根据之前的内力选择合适的杆件截面，但要先进行参数选择，具体如图 6-6 所示。

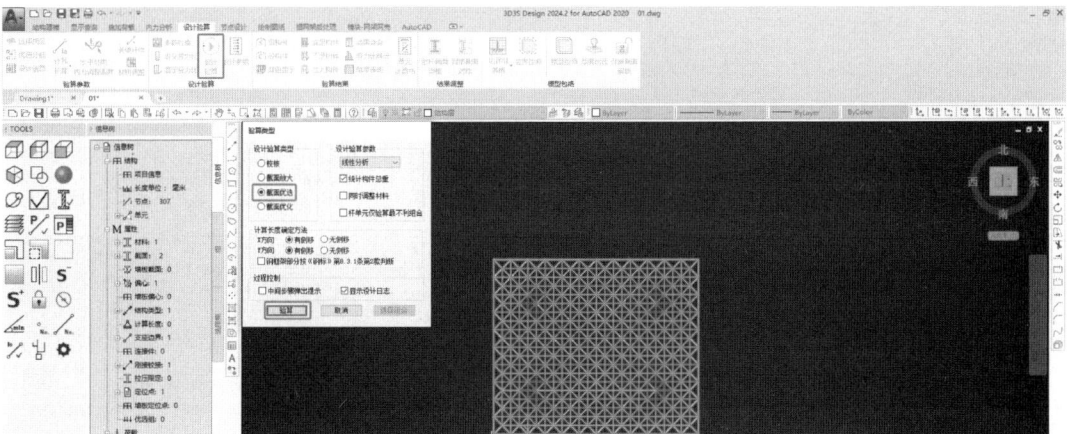

图 6-6　设计验算参数示意图

6.6.1　四种验算类型

校核：仅验算杆件是否满足规范要求，杆件截面不改变。

截面放大：如杆件截面不够则改选增大的截面，截面放大则该单元的截面颜色随之改变。

截面优选：对过大的杆件截面调小，对过小的截面调大，截面改变伴随着单元的截面颜色改变。

截面优化：只针对宽翼缘工字钢、焊接工字形截面、工字形楔形截面、焊接矩形截面、焊接箱形、焊接矩形、圆钢管、T形截面八类截面，优化前只需在相应的截面类型中任选一个截面尺寸即可，优选后的截面为新加截面，放在截面库的末尾。

如果读者同时选定了其他类型的截面实行优化，软件会自动把其他类型进行优选，同时提醒读者：一共××个单元的截面类型不在可优化截面范围内，只能被优选。

本项目选择"截面优选"。

6.6.2　计算长度确定方法

读者可根据结构的支撑情况，分别设置柱在 X 方向和 Y 方向。

柱截面的局部坐标与 X、Y 轴的对应关系为：当截面 2 轴与 X 轴的夹角小于 45°时，截面绕 3 轴计算长度按"X 方向"的设定确定按有侧移或无侧移取值，截面绕 2 轴计算长度按"Y 方向"的设定确定，按有侧移或无侧移取值。反之亦然。本项目采用"有侧移"。

6.6.3　统计构件总重

初步计算钢构件的用钢量，不含节点和附属结构。

6.6.4　杆单元仅验算最不利组合

对于网架、桁架等结构，针对杆单元的验算往往由轴力起控制作用，因此为了提升计算效率，仅验算各个杆件荷载组合中轴力最大和轴力最小两种组合。笔者建议，当网架体量比较大，计算时间比较长的时候可点选此项。

参数定义完成后即可进行截面优选，得出初步的杆件截面，如图 6-7、图 6-8 所示。

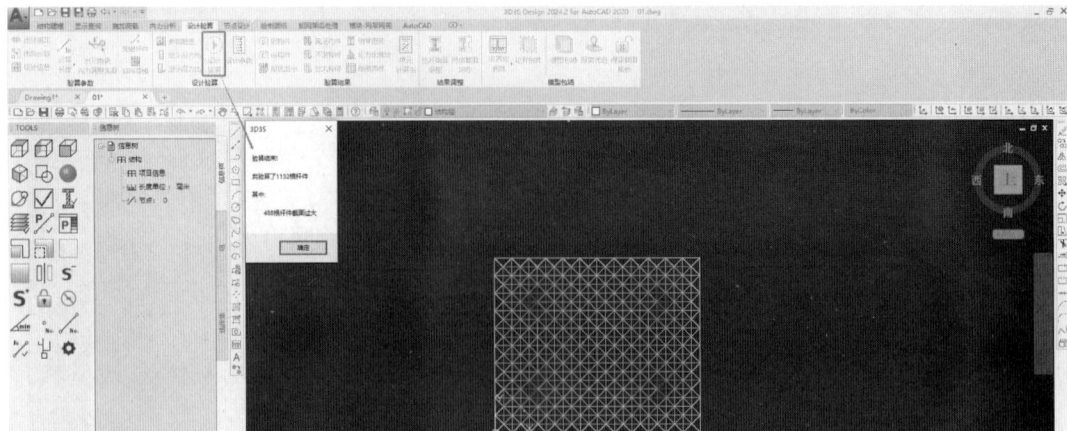

图 6-7　设计验算示意图

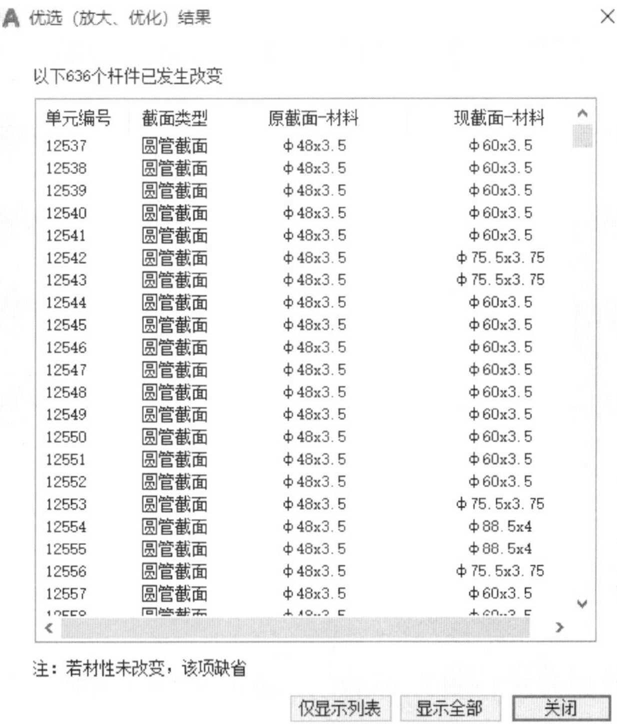

单元编号	截面类型	原截面-材料	现截面-材料
12537	圆管截面	ф48x3.5	ф60x3.5
12538	圆管截面	ф48x3.5	ф60x3.5
12539	圆管截面	ф48x3.5	ф60x3.5
12540	圆管截面	ф48x3.5	ф60x3.5
12541	圆管截面	ф48x3.5	ф60x3.5
12542	圆管截面	ф48x3.5	ф75.5x3.75
12543	圆管截面	ф48x3.5	ф75.5x3.75
12544	圆管截面	ф48x3.5	ф60x3.5
12545	圆管截面	ф48x3.5	ф60x3.5
12546	圆管截面	ф48x3.5	ф60x3.5
12547	圆管截面	ф48x3.5	ф60x3.5
12548	圆管截面	ф48x3.5	ф60x3.5
12549	圆管截面	ф48x3.5	ф60x3.5
12550	圆管截面	ф48x3.5	ф60x3.5
12551	圆管截面	ф48x3.5	ф60x3.5
12552	圆管截面	ф48x3.5	ф60x3.5
12553	圆管截面	ф48x3.5	ф75.5x3.75
12554	圆管截面	ф48x3.5	ф88.5x4
12555	圆管截面	ф48x3.5	ф88.5x4
12556	圆管截面	ф48x3.5	ф75.5x3.75
12557	圆管截面	ф48x3.5	ф60x3.5

图 6-8　杆件优选示意图

6.7　弦杆截面调整

前面根据内力进行了杆件截面优选，但都是根据每一根杆件自身的内力选择的截面，并没有考虑相邻杆件刚度不均匀的问题，也可以说刚度突变或者刚度不连续，这可能导致相邻杆件承载力差异太大的不利情况。为了避免这种情况，《空间网格规程》5.1.5 条特别作出了规定：空间网格结构杆件分布应保证刚度的连续性，受力方向相邻的弦杆其杆件截面面积之比不宜超过 1.8 倍，多点支承的网架结构其反弯点处的上、下弦杆宜按构造要求加大截面。

注意：规程只针对弦杆，并没有包含腹杆。本项目截面调整如图 6-9 所示。

软件执行该命令只针对弦杆，可以实现如下功能：

（1）勾选第 1 项，若相邻弦杆的夹角不小于“需要调整单元的夹角”，则依据《空间网格结构技术规程》5.1.5 条判断为相同受力方向的弦杆（图 6-10），面积比按规范要求不宜超过 1.8 倍。若不满足，调整时则逐级增大至满足此要求。

（2）勾选第 2 项，若相邻弦杆的夹角不小于“需要调整单元的夹角”，判断是否满足此项，不满足，调整时则将其改为相邻弦杆的最小直径。

（3）可以选择是否同时调整材料，若勾选了同时调整材料，则按照材料调整命令的定义进行调整。

注意：未定义弦杆类型的构件，不进行杆件截面调整。

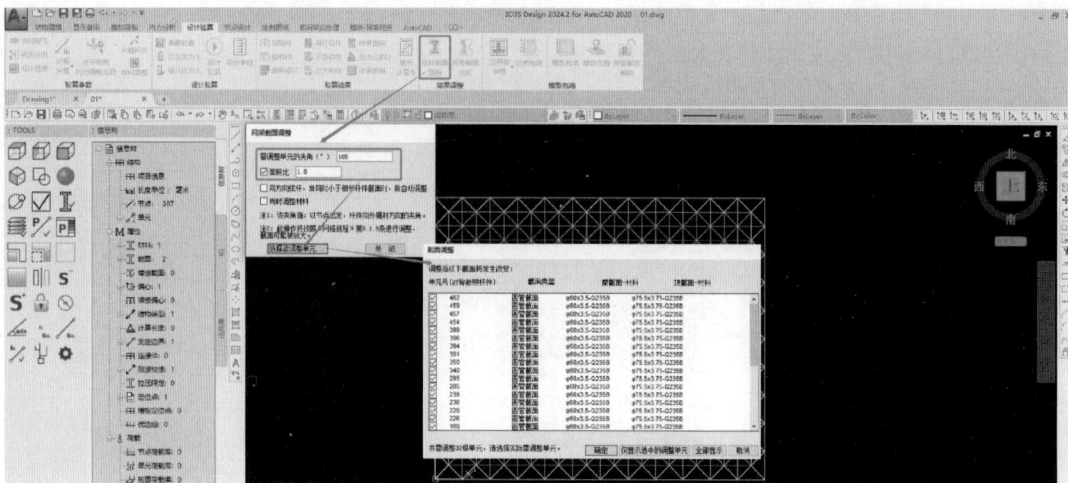

图 6-9　截面调整示意图

图 6-10　相同受力方向的弦杆示意图

（4）若想实现杆件截面不小于相邻弦杆的调整，可将"网架截面调整"对话框的各参数按图 6-11 填写。同方向判断按照夹角不小于"需调整单元的夹角（°）"判断，若相邻弦杆的夹角不小于"需调整单元的夹角（°）"，判断弦杆截面是否同时小于同方向相邻杆件截面，如不满足，调整时将其改为相邻弦杆的最小直径。

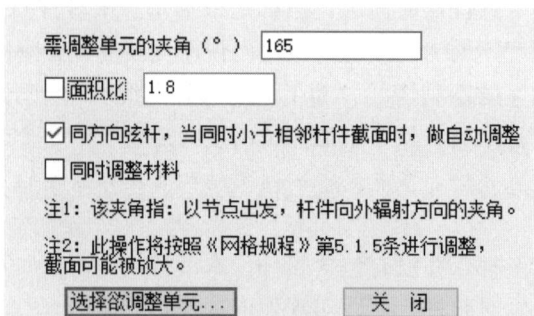

图 6-11　弦杆相邻杆件截面调整示意图

这个调整相比上一个调整要严格一些，即只要这根杆件面积小于相邻弦杆就必须调整，不必满足"面积比"超过 1.8 倍的要求。这样的用钢量肯定要大一些。笔者认为，勾选"面积比"即可，没有特殊情况可不必勾选此项。

注意：此处完成后还需重新执行内力分析模块中的"结构计算"，内力会重新分布，接着执行设计验算模块中的"校核"，这样可以确定调整后的杆件在内力重分布之后应力比是否依然满足要求，如果满足，则可按照本书 5.5.4 节判断周期、位移及位移是否合理。如果不满足，还需相应调整杆件截面。本项目校核结果如图 6-12 所示。

62

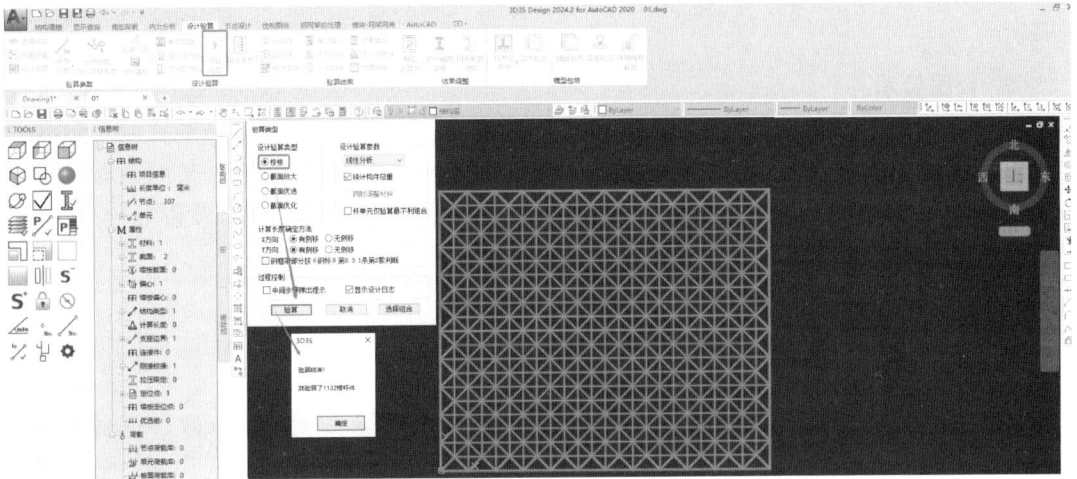

图 6-12　最终杆件应力校核示意图（一）

6.8　验算结果

上述操作完成后需要查看最终结果是否全部满足要求，比如构件强度应力比、构件稳定性应力比、构件长细比等。如图 6-13 所示。

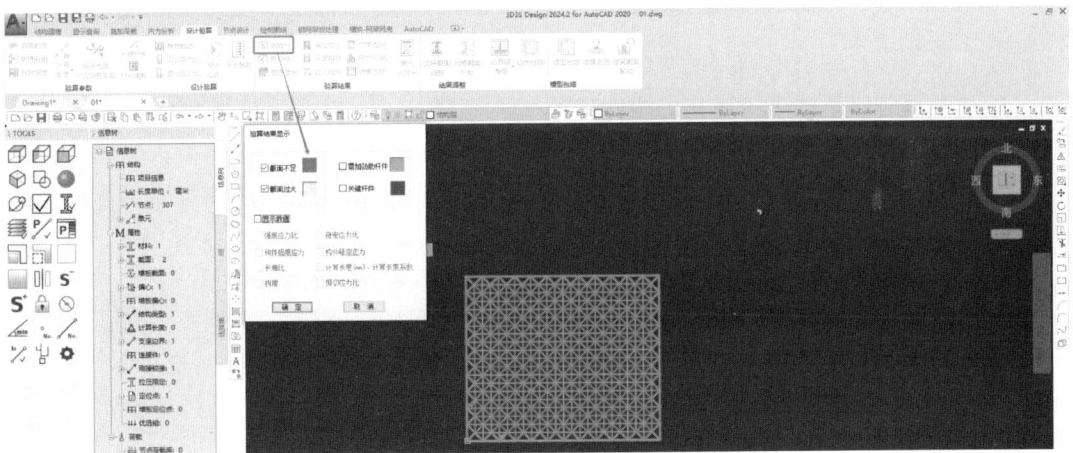

图 6-13　最终杆件应力校核示意图（二）

1. 判断截面是否满足

选择构件后，弹出选择框，读者可选择分别用红、黄、绿、蓝色表示截面不足、截面过大、需加劲肋杆件、关键杆件四种情况。灰色表示截面满足或截面无变化。

显示验算数值结果项一旦被选择，除了颜色外，在杆件周围还标出所选择的显示项。

注意：

截面不足是指应力比超过上限、长细比不满足，局部稳定不满足、单元挠度不满足；

截面过大是指应力比小于下限。

在选择规范时没有被选中的单元及满足设计要求的单元，其颜色将不变化。

63

一般结构软件是不控制结构整体位移的，需要读者通过查询最大位移后除以相应跨度得到相对值加以控制。

2. 云图显示

构件结果可以用颜色显示不同的验算结果数值，还能用文本的形式按验算项的大小统计查询验算结果，支持初始态结果、线性结果、非线性结果及施工过程结果的显示，并可以选择单个组合或单个施工步显示。本项目应力比云图如图 6-14 所示。从图 6-14 可以看出，应力比最大为 0.825，满足初始定义的应力比上限值 0.85 的要求。

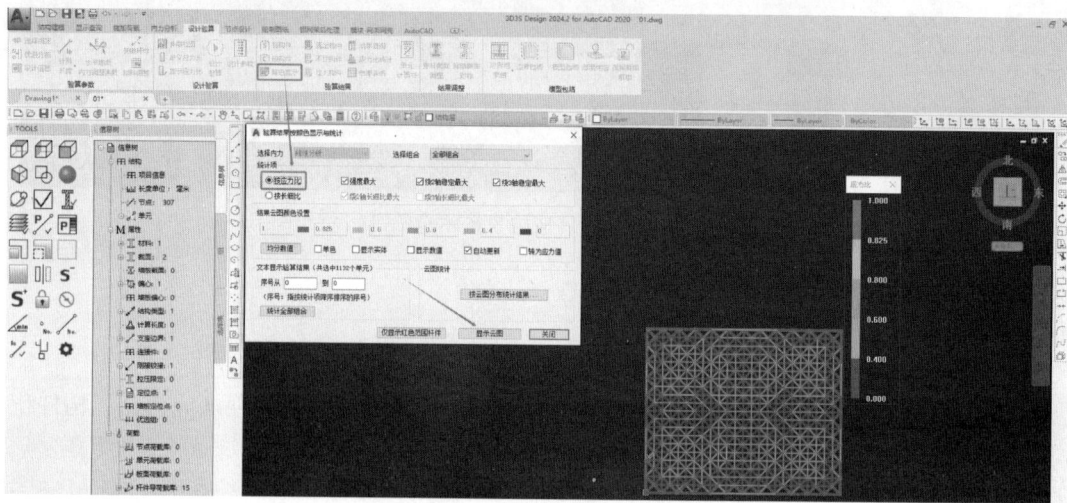

图 6-14 应力比云图示意图

3. 单独显示满足或者不满足的构件

当遇到复杂一点的项目时，可能一次不能确定最终的杆件截面，还需要人为调整超限的杆件，这时需要把这些构件单独显示出来进行调整，可以按照验算结果显示验算不满足或者过大的构件。

点击仅显示"满足构件"，屏幕中显示所有满足验算结果的杆件。

点击仅显示"不满足构件"，屏幕中显示所有不满足验算结果的杆件。

点击仅显示"过大构件"，屏幕中显示所有验算结果为过大的杆件。

本项目点击仅显示"不满足构件"，屏幕中并无不满足验算结果的杆件，说明所有要求均满足，可以进行下一步设计。

4. 结果查询

点击命令后可直接单击鼠标左键选取单元进行查询，或直接按此命令后单击鼠标右键在对话框内输入单元号，屏幕将弹出验算结果，内容包括单元号、截面类型、截面名称、截面分类、杆件类型、验算强度用设计值、验算稳定用设计值、抗剪强度设计值、强度验算最不利组合内力，塑性发展系数以及强度应力比；绕 2 轴、3 轴最不利组合内力，塑性发展系数，稳定系数，弯矩等效系数，稳定应力比以及绕 2 轴、3 轴抗剪参数。现任选一根杆件，点击"结果查询"，验算结果如图 6-15 所示。

说明：

强度验算：强度验算、绕 2 轴抗剪应力比、绕 3 轴抗剪应力比。

64

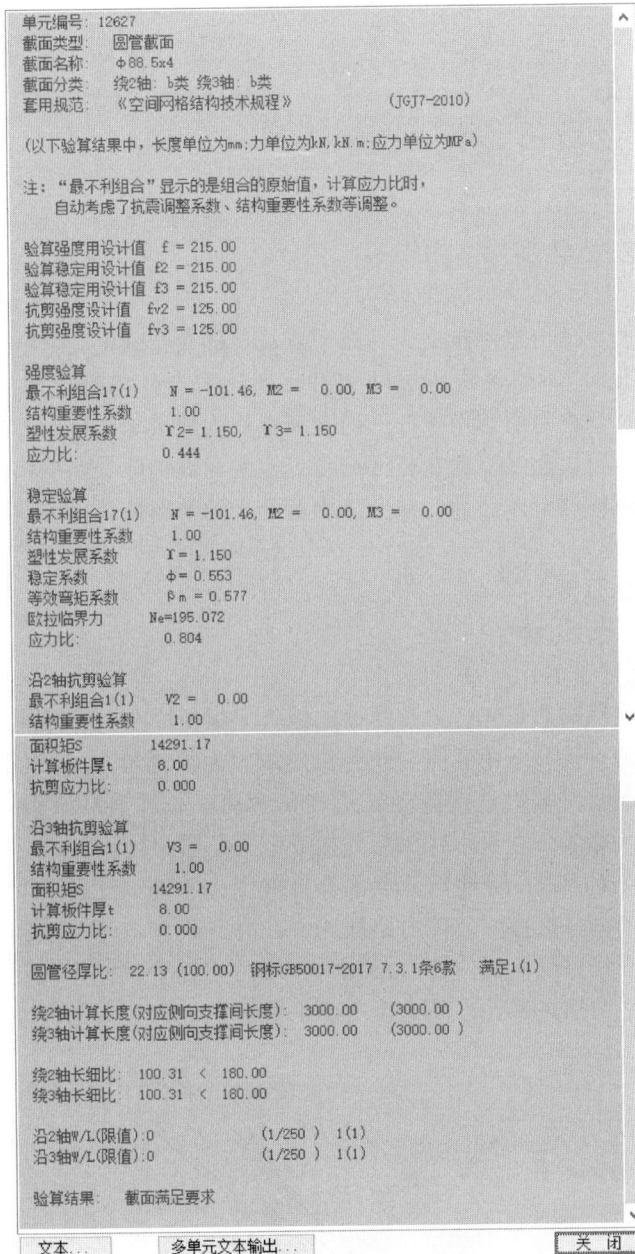

```
单元编号: 12627
截面类型: 圆管截面
截面名称: φ88.5×4
截面分类: 绕2轴: b类 绕3轴: b类
套用规范: 《空间网格结构技术规程》          (JGJ7-2010)

(以下验算结果中, 长度单位为mm;力单位为kN,kN.m;应力单位为MPa)

注: "最不利组合"显示的是组合的原始值,计算应力比时,
      自动考虑了抗震调整系数、结构重要性系数等调整。

验算强度用设计值   f = 215.00
验算稳定用设计值   f2 = 215.00
验算稳定用设计值   f3 = 215.00
抗剪强度设计值    fv2 = 125.00
抗剪强度设计值    fv3 = 125.00

强度验算
最不利组合17(1)    N = -101.46, M2 =  0.00, M3 =  0.00
结构重要性系数      1.00
塑性发展系数       Υ2= 1.150,  Υ3= 1.150
应力比:          0.444

稳定验算
最不利组合17(1)    N = -101.46, M2 =  0.00, M3 =  0.00
结构重要性系数      1.00
塑性发展系数       Υ = 1.150
稳定系数         φ = 0.553
等效弯矩系数       βm = 0.577
欧拉临界力        Ne=195.072
应力比:          0.804

沿2轴抗剪验算
最不利组合1(1)     V2 =  0.00
结构重要性系数      1.00
面积矩S          14291.17
计算板件厚t        8.00
抗剪应力比:        0.000

沿3轴抗剪验算
最不利组合1(1)     V3 =  0.00
结构重要性系数      1.00
面积矩S          14291.17
计算板件厚t        8.00
抗剪应力比:        0.000

圆管径厚比: 22.13 (100.00)  钢标GB50017-2017 7.3.1条6款   满足1(1)

绕2轴计算长度(对应侧向支撑间长度): 3000.00    (3000.00 )
绕3轴计算长度(对应侧向支撑间长度): 3000.00    (3000.00 )

绕2轴长细比:  100.31  <  180.00
绕3轴长细比:  100.31  <  180.00

沿2轴W/L(限值):0      (1/250 )  1(1)
沿3轴W/L(限值):0      (1/250 )  1(1)

验算结果: 截面满足要求
```

文本...   多单元文本输出...   关 闭

图 6-15 单元结果查询示意图

整体稳定：绕 2 轴整体稳定验算、绕 3 轴整体稳定验算。

局部稳定：翼缘腹板的宽厚比验算。

刚度验算：绕 2 轴长细比、绕 3 轴长细比、沿 2 轴挠度、沿 3 轴挠度。

构件挠度 W/L：对构件而言，只有梁式受弯构件才需要考虑，对于网架这类轴心受力的二力杆来说，构件挠度无须考虑。

7 节点设计

7.1 定义节点球类型

通常情况下将所有球节点都定义为"按节点设计的命令确定"（软件默认），这时，若进行"螺栓球节点设计"，软件将所选网架杆件所连节点作为螺栓球进行设计；若进行"焊接球节点设计"，软件将所选网架杆件所连节点作为焊接球进行设计。如果网架中既有螺栓球也有焊接球，可以通过该命令将部分节点定义为焊接球。如果将部分节点定义为焊接球，同时调用"螺栓球节点设计"命令，则所定义的节点按焊接球设计，其他节点按螺栓球设计。

7.2 螺栓球节点设计

螺栓球节点的连接构造是先将置有螺栓的锥头或封板焊在钢管杆件的两端，在伸出锥头或封板的螺杆上套有长形六角套筒（或称长形六角无纹螺母），并以销钉或紧固螺钉将螺栓与套筒连在一起，拼装时直接拧动长形六角套筒，通过销钉或紧固螺钉带动螺栓转动，从而使螺栓旋入球体，直至螺柱头与封板或锥头贴紧为止，各汇交杆件均按此连接后即形成节点，如图7-1所示。螺栓球节点根据杆件受力不同（受托或受压），传力路线和零件作用也不同。当杆件受拉时，传力路线为：拉力→钢管→锥头或封板→螺栓→钢球，这时套筒不受力；当杆件受压时，传力路线为：压力→钢管→锥头或封板→套筒→钢球，这时螺栓不受力，压力通过零件之间的接触面来传递。

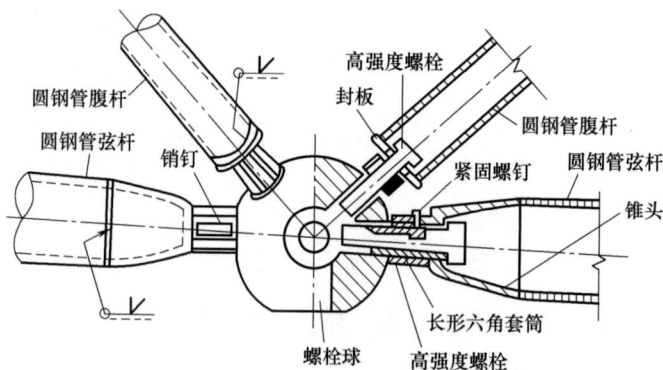

图 7-1 螺栓球节点连接示意图

7.2.1 定义网架球类型

本项目仅采用螺栓球节点，故网架节点类型定义按照"按节点设计的命令确定"或者"螺栓球"均可。

7.2.2 螺栓球节点配件库

软件在计算完成后，会依据节点处内力，根据各钢管尺寸自动选择与螺栓球相匹配的套筒及螺钉、封板尺寸、锥头尺寸。如果没有内置的配件库，软件就无法自动匹配相应的配件。软件默认采用的是徐州（第2版），"√"表示当前使用的配件库。

此处特别强调：必须选择软件内置的配件库，因为库里的配件都是市场成熟的标准产品，若超出库范围，需要定制，既费时也费钱。

图7-2中间是各个配件的具体信息：螺栓库列出了螺栓对应的套筒及螺钉；封板库列出了各钢管及螺栓对应的封板尺寸；锥头库列出了各钢管及螺栓对应的锥头尺寸。读者可通过增加和删除对该库进行管理，双击可进行修改，软件将自动按型号重新排列。各配件型号前的勾选项可以用来控制节点设计时是否采用该型号的配件，未被勾选的配件将不能在节点设计时使用。读者新增加的配件会默认勾选。

（1）钢管型号和锥头、封板、螺栓等配件需一一对应，如果读者新增了一种网架钢管型号，需要在锥头库（或封板库）中添加与此钢管对应的锥头（或封板）。如果工程中需用到超过M85的螺栓，则需手动添加相应的螺栓库和锥头库。

（2）若模型中设置了固定螺栓或固定螺栓球信息，不可以使用"置为当前""恢复默认值""全清""导入配件库"等功能。若在螺栓库和螺栓球库中执行勾选或取消勾选某些配件型号、新增配件并勾选、修改配件参数、删除配件，这些操作将使当前节点设计结果被删除。而在封板库和锥头库中修改配件参数不会删除设计结果。

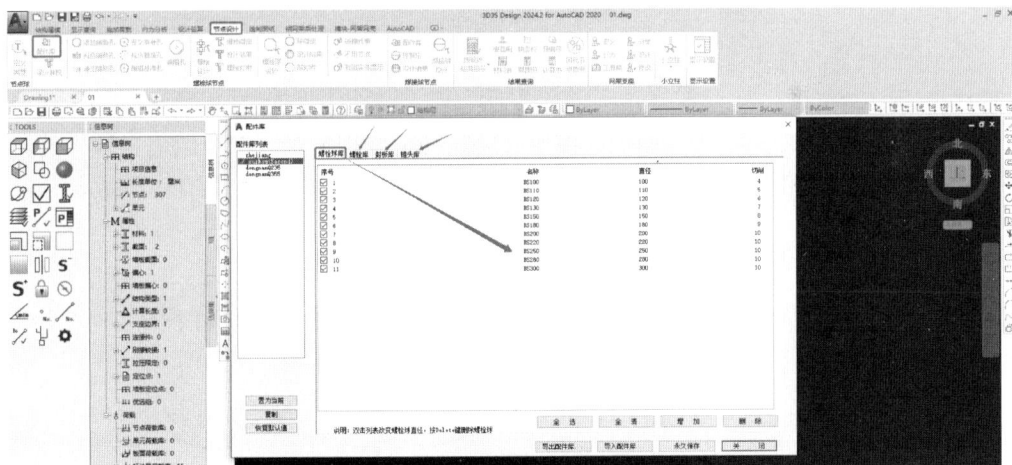

图7-2　螺栓球配件库示意图

7.2.3 螺栓球节点设计参数

（1）常用高强度螺栓承载力：常用高强度螺栓（M12～M64）承载力按《空间网格规程》表5.3.4取值；读者自定义螺栓（例如M80）按《网架结构设计与施工规程》JGJ 7—91 4.4.4条计算，即按"有效面积×材料设计强度"得到。注：《网架结构设计与施工规程》已于2011年3月1日废止，由《空间网格规程》代替。软件编制说明和设计借用了这个公式表达，计算也并无不妥。希望软件在以后的技术说明中进行及时更新。

自定义高强度螺栓承载力：根据《空间网格规程》5.3.4 条：选用高强度螺栓的直径应由杆件内力确定，高强度螺栓的受拉承载力设计值 N_t^b 应按 $N_t^b = A_{eff} f_t^b$ 计算。

软件对此的处理为：从内力分析中读取杆件的轴力，按照上述公式对杆件进行螺栓设计，以保证螺栓强度满足设计要求。

其中，f_t^b 为高强度螺栓经热处理后的抗拉强度设计值，根据《空间网格规程》5.3.4 条中的内容，对于 M12～M36 的高强度螺栓，强度设计值取 430MPa；对于 M39～M64 的高强度螺栓，强度设计值取 385MPa。如图 7-3 所示。

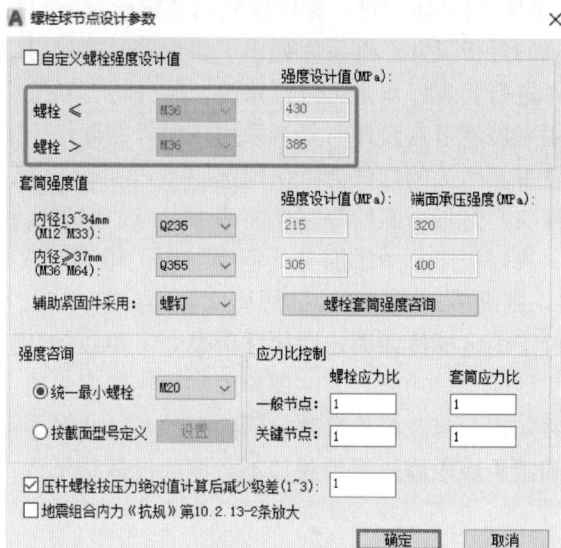

图 7-3 螺栓球节点螺栓强度对话框

A_{eff} 为高强度螺栓的有效截面积，按照《空间网格规程》表 5.3.4 取值。同样的，各级螺栓的承载力设计值也都按照《空间网格规程》表 5.3.4 取值。如图 7-4 所示。

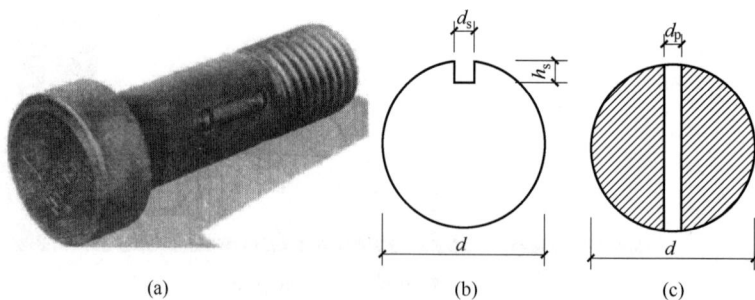

图 7-4 网架用高强度螺栓照片及其净截面面积示意图
（a）网架用高强度螺栓照片；（b）滑槽处净截面；（c）销孔处净截面

（2）套筒承压承载力：按"有效面积×材料设计强度"计算，其中有效面积按考虑螺钉折减后的中间截面净截面面积 A_{n1} 和端部净截面面积 A_{n2} 取小值，A_{n2} 计算时不考虑套筒六个角的影响，即 $A_{n2} = PI \times (S^2 - d^2)/4$。根据《空间网格规程》表 5.3.2，软件默认 M33 及以下螺栓对应的套筒用 Q235 钢，M36 及以上螺栓对应的套筒用 Q345 钢。套筒相关参数如图 7-5 所示。

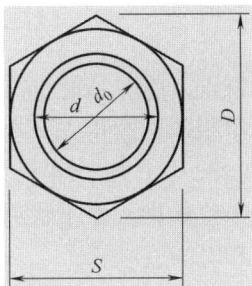

图 7-5　螺栓球节点套筒对话框

（3）软件按杆件的最大拉力和最大压力分别验算螺栓与套筒，其中，受压杆件的螺栓按《空间网格规程》5.3.5 条验算。

《空间网格规程》5.3.5 条：受压杆件的连接螺栓直径，可按其内力设计值绝对值求得螺栓直径计算值后，按表 5.3.4 的螺栓直径系列减少 1 个～3 个级差。查阅其条文说明，"根据螺栓球节点连接受力特点可知，杆件的轴向压力主要是通过套筒端面承压来传递的，螺栓主要起连接作用。因此对于受压杆件的连接螺栓可不作验算。但从构造上考虑，连接螺栓直径也不宜太小，设计时可按该杆件内力绝对值求得螺栓直径后适当减小，建议减小幅度不大于表 5.3.4 中螺栓直径系列的 3 个级差。减少螺栓直径后的套筒应根据传递的压力值验算其承压面积，以满足实际受力要求，此时套筒可能有别于一般套筒，施工安装时应予以注意。"

7.2.4　定义基准孔

1. 为什么要定义基准孔？

定义基准孔的作用主要是标准化和简化机械加工过程，降低生产成本，具体详见以下原因：

（1）确保加工精度

基准孔作为加工和测量的参考原点，确保其他螺栓孔的位置、角度和间距符合设计要求。若没有基准孔，加工误差可能累积，导致孔位偏差，影响杆件连接的准确性。

（2）简化装配流程

基准孔为施工人员提供明确的定位标记，便于快速对齐杆件和螺栓球。若无基准孔，装配时需反复调整，增加施工难度和时间成本。

（3）保证结构稳定性

网架结构的力学性能依赖于节点的精确传力。基准孔确保各杆件轴线交汇于球心，避免附加弯矩，防止局部应力集中，从而提升结构安全性。

此外，在设计中通过定义基准孔，使找坡用的小立柱与螺栓球现有孔（包括基准孔）对齐，避免需要在螺栓球上增加新孔来安装小立柱。

2. 如何定义基准孔？

软件默认所有螺栓球节点的基准孔方向为 Z 正向。读者可通过选择数值输入方向矢量或在屏幕上点取方向矢量的方法确定每个球的基准孔方向，并通过显示基准孔方向命令进行直观地观察；软件提供平面、柱面、球面三种基本定义方式，其中平面定义是通过坐标输入或屏幕点取确定方向矢量。

本案例为平板网架，上弦层所有螺栓球节点的基准孔方向向上，下弦层所有螺栓球节点的基准孔方向向下，而软件默认所有螺栓球节点的基准孔方向为 Z 正向，也就是上下弦杆层螺栓球节点的基准孔方向均向上，需要手动修改。先打开基准孔显示，如图 7-6 所示，然后手动框选下弦层螺栓球节点的基准孔方向修改为向下，如图 7-7 所示。

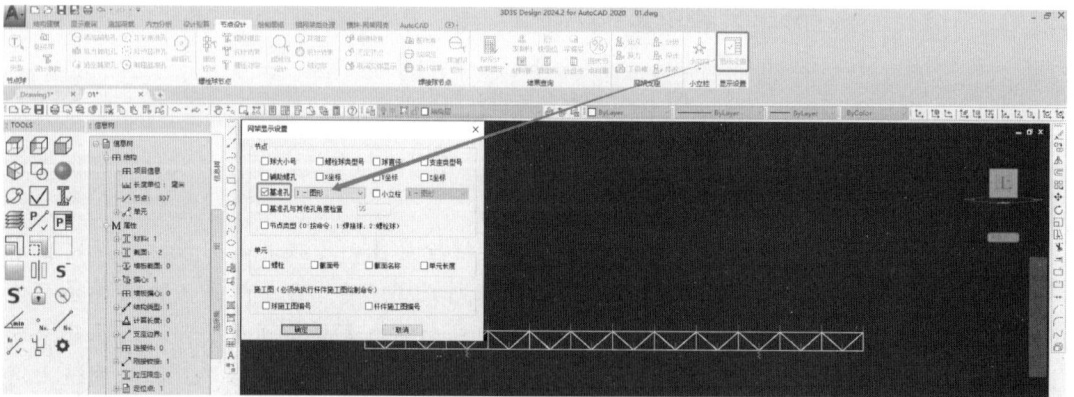

图 7-6　显示螺栓球节点基准孔方向示意图

7.2.5　螺栓设计

1. 螺栓设计参数

软件根据螺栓设计参数对所选网架杆件所连节点进行螺栓设计，如图 7-8 所示。

（1）等强设计：在螺栓球节点中，螺栓的轴力设计值等于所连杆件的截面面积与强度乘积。根据实际节点位置内力进行设计更经济，所以此处一般不勾选。

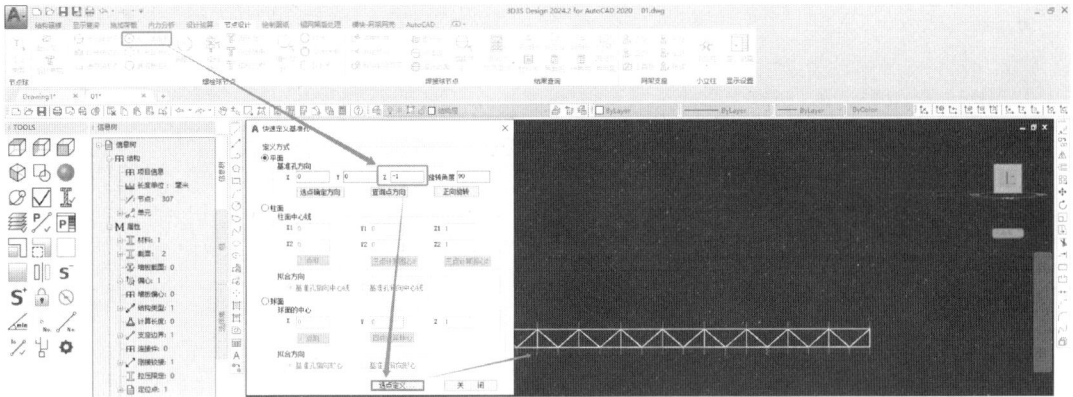

图 7-7　修改螺栓球节点基准孔方向示意图

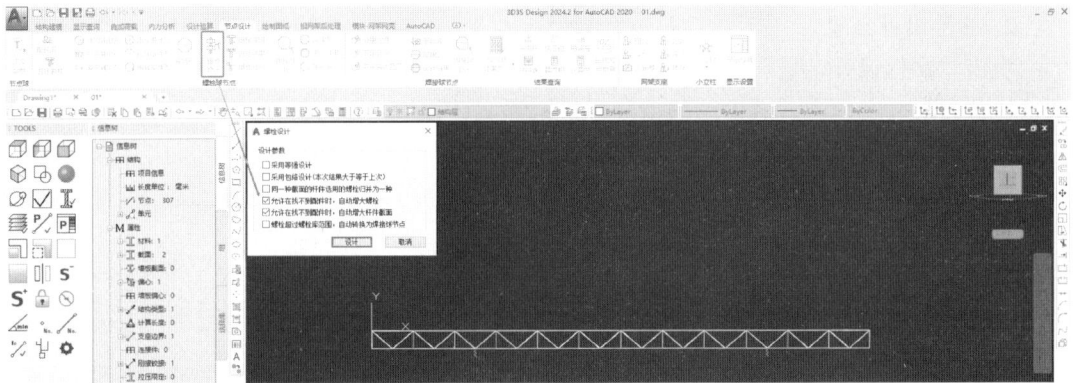

图 7-8　螺栓设计参数示意图

（2）采用包络设计：本次结果大于或等于上次，根据实际节点位置内力进行设计更经济，所以此处一般不勾选。

（3）同一截面的杆件选用的螺栓归并为一种：同一种截面的杆件将选用相同的螺栓，螺栓的大小由内力最大的杆件确定。此时会导致工程中的螺栓重量加大，螺栓球也会相应增大，所以此处一般不勾选。

（4）允许在找不到配件时，自动增大螺栓。此项一般勾选，可以让软件自动在配件库中匹配更大型号的螺栓。

（5）允许在找不到配件时，自动增大杆件截面：在配件库中，钢管型号和锥头、封板、螺栓等配件是一一对应的，勾中此项则允许软件放大钢管截面以匹配更大型号的螺栓。需要放大截面时会有提示。此项一般勾选，可以让软件自动放大钢管截面以在配件库中匹配更大型号的螺栓。

（6）螺栓超过螺栓库范围时，自动转换为焊接球节点：如果按承载力算出的螺栓规格大于螺栓库的最大螺栓时，该螺栓所连节点自动转换为焊接球节点。在后续的球设计时会先进行螺栓球设计并提示进行焊接球设计。执行这一条时不会有提示。

注意：螺栓设计时特殊情况处理：

1）网架中存在非二力杆。

71

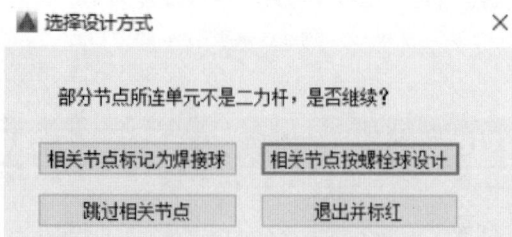

图 7-9 非二力杆示意图

设计时会弹出以下对话框，如图 7-9 所示。

相关节点标记为焊接球：将二力杆连接的节点类型转换为焊接球节点。

相关节点按螺栓球设计：将二力杆连接的节点按螺栓球设计。

跳过相关节点：跳过相关节点，即这部分节点无螺栓设计结果，因此不能进行螺栓球设计。

退出并标红：退出设计过程，并标红这些杆件。

2）螺栓设计时所选杆件连接的节点中有焊接球节点。

弹出提示对话框，选是，继续进行螺栓设计没有影响；选否，退出设计流程。

2. 螺栓设计结果

点击"螺栓设计结果"弹出对话框，本项目螺栓设计结果如图 7-10 所示。列出设计的杆件截面尺寸、内力、螺栓球的型号、指定类型、数量、重量、对应的封板或锥头的型号及相关的统计信息与验算结论。支持修改杆件截面和未固定的螺栓型号，执行修改不影响当前内力结果，且读者可以在当前内力下进行归并和验算。

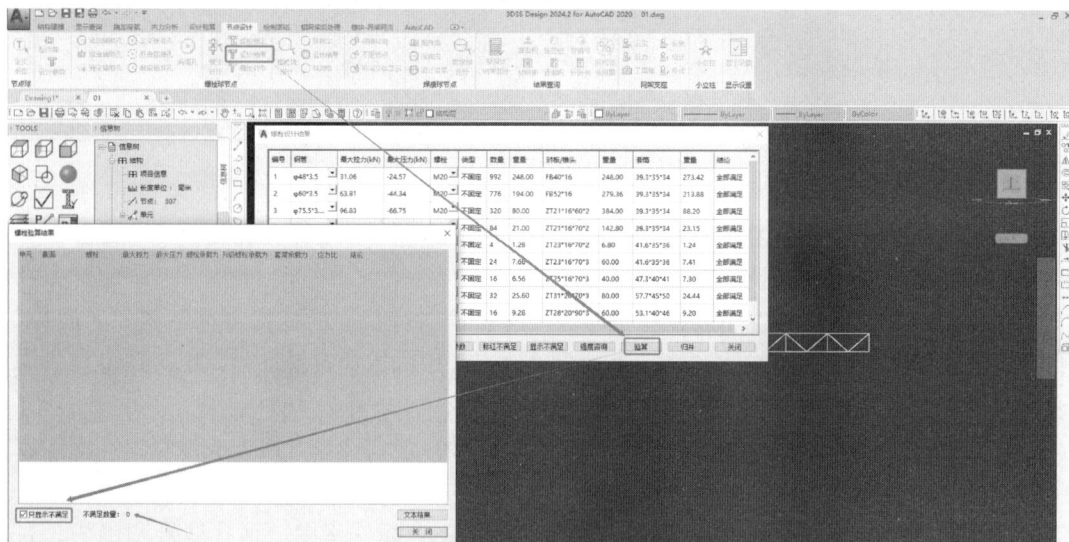

图 7-10 螺栓设计结果示意图

在螺栓设计结果对话框中有以下参数选择项，含义如下：

标红不满足：验算之后，可以在结构中标红不满足的螺栓所在的杆件。

显示不满足：仅显示不满足的螺栓所在的杆件。

强度咨询：在对话框右侧拓展显示各个螺栓型号的抗拉强度与相对应的套筒抗压强度。

归并：当钢管型号、螺栓型号、指定类型三者一致时，可以归并。

验算：点击会弹出每个节点的详细验算信息，并在设计结果对话框中给出验算结论。

若存在不满足项，会列出具体的结论，包括无设计结果、应力比不满足（套筒不满足或螺栓不满足）、最小螺栓不满足、无对应配件，读者可根据结论进行调整。

自动调整：若验算中存在不满足的结论，读者可以执行自动调整功能，程序会根据不满足的结论判断是否可以通过调整直径来满足验算要求，并提供调整后的直径。在自动调整对话框中需点击确定，调整才可生效。

7.2.6　螺栓球设计

螺栓球的设计主要是确定螺栓球直径，而确定螺栓球直径又有几个影响因素，比如杆件之间的碰撞，以及与套筒连接需要的球体切削量等参数。主要包括切削量计算方式与碰撞计算参数。

1. 切削量计算方式

切削量计算方式具体来说有两个选项：

（1）用螺栓球库中的切削量（推荐）

推荐采用此选项，这种情况下，每个尺寸的螺栓球的切削量在螺栓球库中已经定义好了，设计时有 4 种情况可供选择：

验算套筒承压（默认）：即用套筒端部与螺栓球切削面的净接触面积（不包含六个角）来验算套筒端部承压是否满足，球径由小到大依次进行验算。

端面承压的三种接触方式如图 7-11 所示。

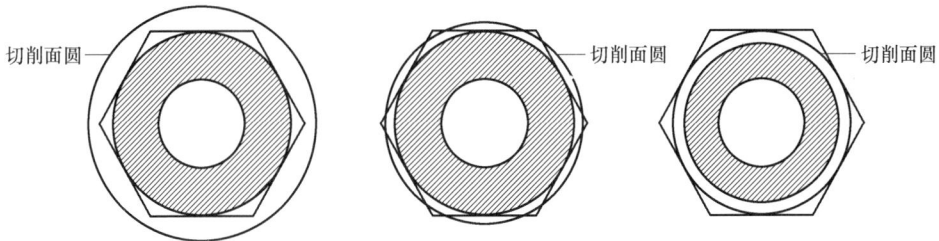

图 7-11　端面承压的三种接触方式示意图

不验算套筒承压：设计时不考虑套筒端部承压验算，只考虑碰撞进行设计。

切削面覆盖套筒内切圆或者切削面覆盖套筒外接圆：顾名思义，在只计算切削面覆盖套筒的内切/外接圆的前提下，从小到大设计螺栓球直径。

（2）根据套筒计算切削量

这是考虑到一个螺栓球可能连接多个不同型号的套筒，此时允许一个球的不同的切削面设计出不同的切削量（若按球库中切削量设计时，某一螺栓球也连接了多个不同的套筒，会为了满足其中最大切削量的套筒型号来设计）。

设计方法有按套筒对边内切圆和按套筒对边外接圆两种，设计完成进行结果查询时，每个螺栓球对应的切削量会显示为"多种"。

注：端部承压验算相关公式如下：

$$R = \frac{\sqrt{3}}{4}D$$

$$A_n = \pi\left[R^2 - \frac{(d+0.1)^2}{4}\right]$$

式中：A_n——净接触面积；

　　　D——正六边形的外接圆直径；

　　　R——正六边形的内切圆半径；

　　　d——螺栓孔直径。

公式中相关参数如图 7-12 所示。

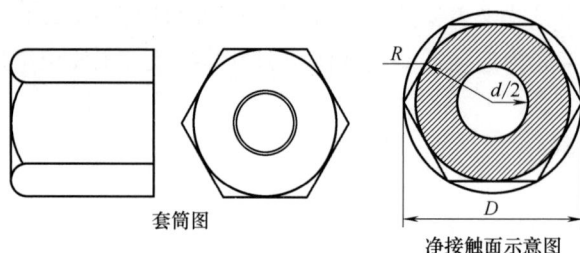

套筒图　　　　　　净接触面示意图

图 7-12　套筒端部承压验算公式参数示意图

如果勾选"球直径超过库范围时，用焊接球代替"，当某些节点按螺栓球设计所需的螺栓球太大（如球径大于 300）而配件库中没有时，软件自动将这些节点按焊接球设计。

2. 碰撞计算参数

《空间网格规程》5.3.3 条：钢球直径应保证相邻螺栓在球体内不相碰并应满足套筒接触面的要求（图 5.3.3），可分别按下列公式核算，并按计算结果中的较大者选用。

$$D \geqslant \sqrt{\left(\frac{d_s^b}{\sin\theta} + d_1^b \cot\theta + 2\xi d_1^b\right)^2 + \lambda^2 d_1^{b2}} \tag{5.3.3-1}$$

$$D \geqslant \sqrt{\left(\frac{\lambda d_s^b}{\sin\theta} + \lambda d_1^b \cot\theta\right)^2 + \lambda^2 d_1^{b2}} \tag{5.3.3-2}$$

式中：D——钢球直径（mm）；

　　　θ——两相邻螺栓之间的最小夹角（rad）；

　　d_1^b——两相邻螺栓的较大直径（mm）；

　　d_s^b——两相邻螺栓的较小直径（mm）；

　　　ξ——螺栓拧入球体长度与螺栓直径的比值，可取为 1.1；

　　　λ——套筒外接圆直径与螺栓直径的比值，可取为 1.8。

当相邻杆件夹角 θ 较小时，尚应根据相邻杆件及相关封板、锥头、套筒等零部件不相碰的要求核算螺栓球直径。此时可通过检查可能相碰点至球心的连线与相邻杆件轴线间的夹角不大于 θ 的条件进行核算。

软件对此款条文的处理为：碰撞参数。

碰撞计算参数：杆件之间的最小允许间隙越大，设计出的球也越大。

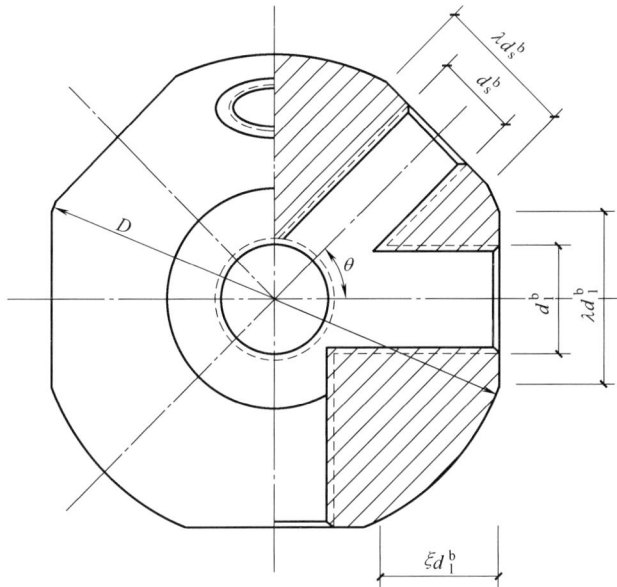

图 5.3.3　螺栓球与直径有关的尺寸

软件提供了两种碰撞验算标准：

（1）按螺孔交叉判断碰撞：实际加工的螺孔不碰撞。

（2）按螺栓实际拧入长度判断碰撞：螺栓之间的有效螺纹不碰撞。

这两种情况应如何选择？

（1）适用场景

1）按螺孔交叉判断碰撞（设计阶段主导）

适用情况：

复杂节点设计：螺栓球需连接多个方向的杆件（如空间网架中的多杆交汇节点），需通过三维建模确保各个方向螺孔无物理重叠。

标准化批量生产：适用于预制螺栓球的工厂化生产，设计阶段优化孔位布局，避免加工后螺孔干涉。

高精度要求场景：如体育场馆、展览中心等大跨度结构，对节点精度和安装效率要求极高。

核心作用：通过设计软件的碰撞检测功能，提前解决孔位冲突，减少现场调整。

2）按螺栓实际拧入长度判断碰撞（安装阶段主导）

适用情况：

现场安装误差处理：当杆件长度或角度存在制造公差时，需调整螺栓拧入深度以确保有效螺纹不碰撞。

非标或定制化结构：如异形网架、临时支撑结构，需根据现场条件灵活调整螺栓长度。

厚板或多层连接：螺栓需穿透多层板件时，需保证每层螺纹的有效啮合长度。

核心作用：通过动态控制螺栓拧入深度，适应现场实际工况，避免螺纹重叠导致的强度损失。

（2）施工难易程度

1）按螺孔交叉判断碰撞

更容易实现：

依赖设计工具：通过软件自动化检测碰撞，生成精准加工图纸，施工时直接按图安装。

减少现场协调：适用于标准化施工流程，无须依赖工人经验，适合大规模工程。

难点：

对设计精度和加工精度要求极高，若孔位偏差超限（如±1mm以上），可能导致现场无法安装。

2）按螺栓实际拧入长度判断碰撞

较难实现：

需现场精细化操作：工人需测量杆件实际长度、调整螺栓拧入深度，并控制扭矩（如使用扭矩扳手）。

依赖经验与工具：复杂节点可能需多次试装，耗时较长，且需备选不同长度的螺栓。

难点：

高空作业或狭窄空间施工时，调整难度大，易受环境因素（如温度变形）影响。

（3）经济性对比

1）按螺孔交叉判断碰撞

更经济：

前期成本低：设计阶段解决问题，避免后期返工或材料浪费。

适合批量生产：预制螺栓球的规模化加工可降低单件成本（如模具复用、自动化钻孔）。

潜在风险：

若设计失误或加工超差，可能导致整批螺栓球报废，经济损失较大。

2）按螺栓实际拧入长度判断碰撞

成本较高：

现场成本增加：需备用不同长度的螺栓、扩孔工具，以及额外人工工时。

灵活性代价：适用于小批量或特殊工程，但大规模项目会显著提高成本。

优势：

容错性高，可适应非标准设计或临时变更，减少设计阶段的过度优化投入。

综上所述，本项目采用三维建模，选择按螺孔交叉判断碰撞，其余按照默认即可，如图7-13所示。

3. 螺栓球设计结果

点击"螺栓球设计结果"弹出以下对话框，如图7-14所示。列出设计的螺栓球的型号、切削量及碰撞和验算的结论切削量、指定类型、数量、重量及碰撞与验算的结论。

自动调整：若验算中存在不满足的结论，读者可以执行自动调整功能，在自动调整对话框中需点击确定，调整才可生效。

归并：当球型号、切削量、指定类型三者一致时，可以归并。

验算：点击会弹出每个节点的详细验算信息，并在设计结果对话框中给出验算和碰撞

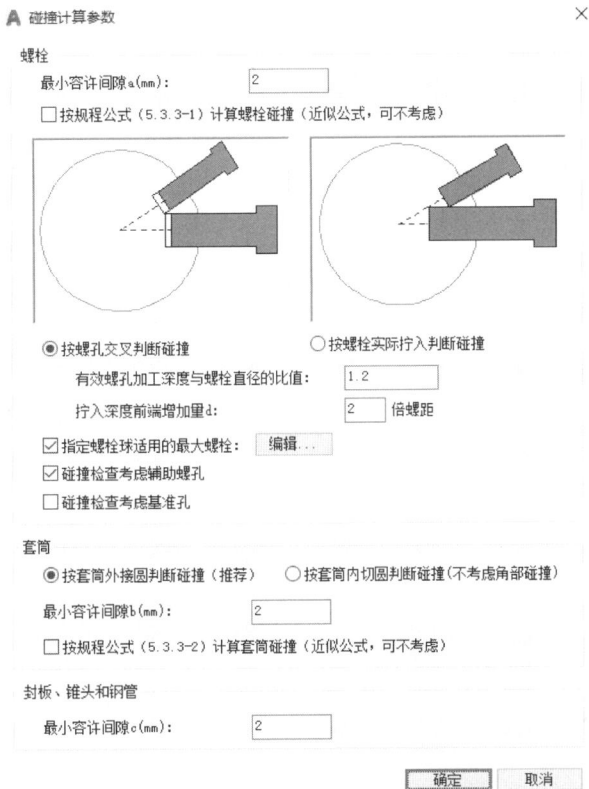

图 7-13　螺栓碰撞计算参数示意图

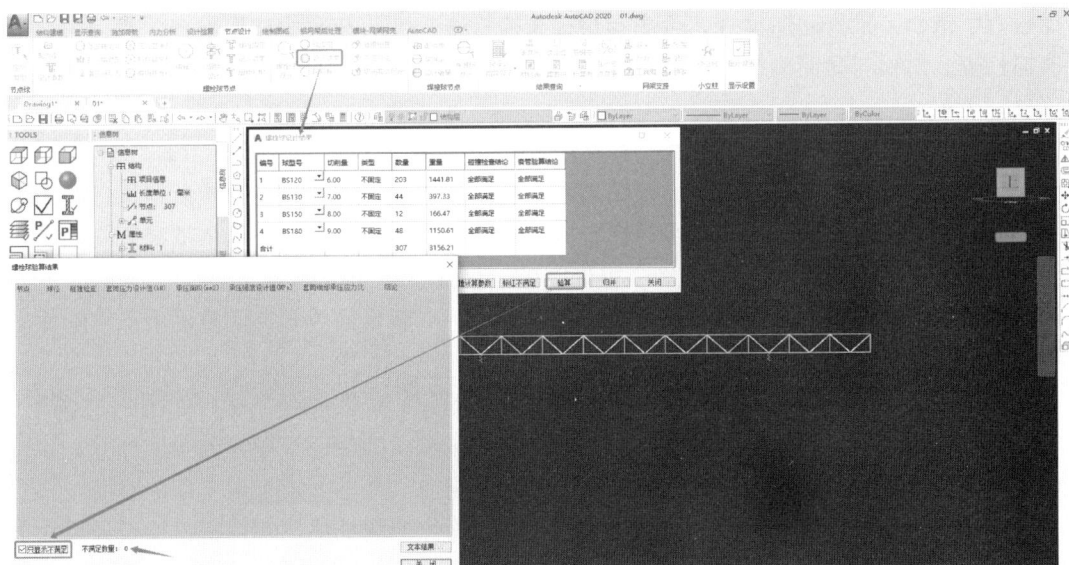

图 7-14　螺栓球设计结果示意图

结论。如图 7-15 所示。

标红不满足：验算后，可以在结构中标红不满足球节点。

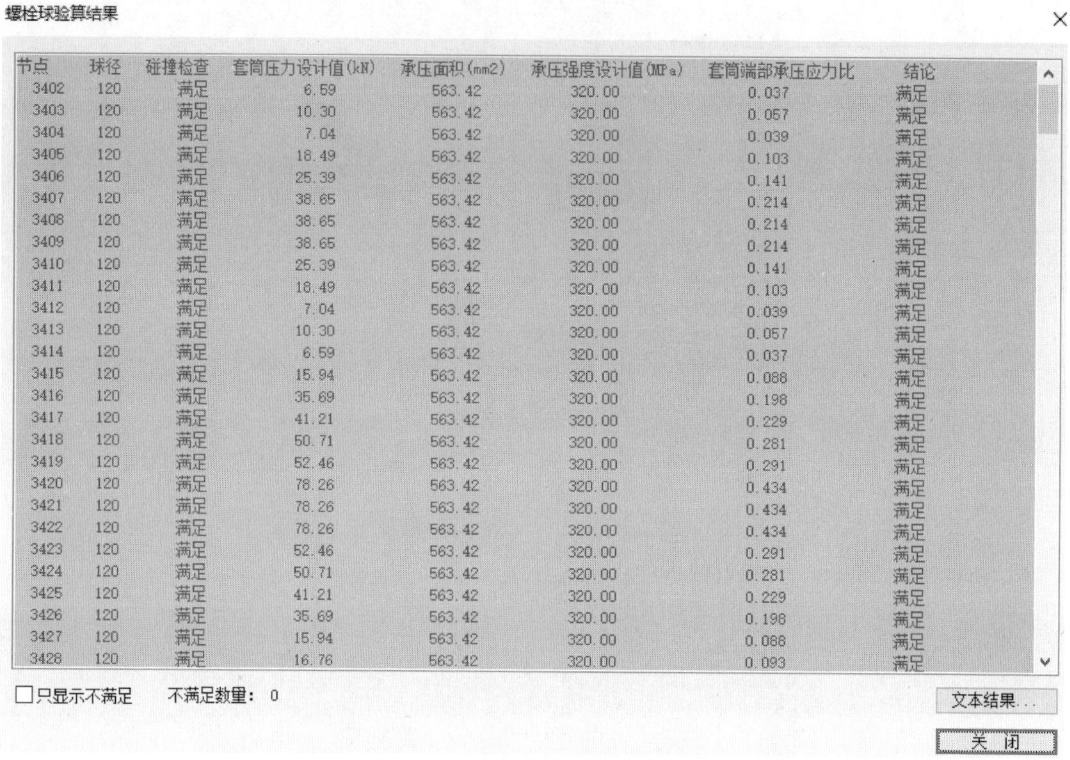

螺栓球验算结果 ✕

节点	球径	碰撞检查	套筒压力设计值(kN)	承压面积(mm2)	承压强度设计值(MPa)	套筒端部承压应力比	结论
3402	120	满足	6.59	563.42	320.00	0.037	满足
3403	120	满足	10.30	563.42	320.00	0.057	满足
3404	120	满足	7.04	563.42	320.00	0.039	满足
3405	120	满足	18.49	563.42	320.00	0.103	满足
3406	120	满足	25.39	563.42	320.00	0.141	满足
3407	120	满足	38.65	563.42	320.00	0.214	满足
3408	120	满足	38.65	563.42	320.00	0.214	满足
3409	120	满足	38.65	563.42	320.00	0.214	满足
3410	120	满足	25.39	563.42	320.00	0.141	满足
3411	120	满足	18.49	563.42	320.00	0.103	满足
3412	120	满足	7.04	563.42	320.00	0.039	满足
3413	120	满足	10.30	563.42	320.00	0.057	满足
3414	120	满足	6.59	563.42	320.00	0.037	满足
3415	120	满足	15.94	563.42	320.00	0.088	满足
3416	120	满足	35.69	563.42	320.00	0.198	满足
3417	120	满足	41.21	563.42	320.00	0.229	满足
3418	120	满足	50.71	563.42	320.00	0.281	满足
3419	120	满足	52.46	563.42	320.00	0.291	满足
3420	120	满足	78.26	563.42	320.00	0.434	满足
3421	120	满足	78.26	563.42	320.00	0.434	满足
3422	120	满足	78.26	563.42	320.00	0.434	满足
3423	120	满足	52.46	563.42	320.00	0.291	满足
3424	120	满足	50.71	563.42	320.00	0.281	满足
3425	120	满足	41.21	563.42	320.00	0.229	满足
3426	120	满足	35.69	563.42	320.00	0.198	满足
3427	120	满足	15.94	563.42	320.00	0.088	满足
3428	120	满足	16.76	563.42	320.00	0.093	满足

☐ 只显示不满足   不满足数量：0   文本结果...   关 闭

图 7-15　螺栓球验算结果示意图

螺栓球不验算强度，只根据碰撞要求确定最小球径。螺栓球的碰撞检查项包括螺栓碰撞检查、锥头与锥头碰撞检查、锥头与封板碰撞检查、锥头与套筒碰撞检查、封板与封板碰撞检查、封板与套筒碰撞检查等。

7.2.7　实体碰撞检查

实体碰撞检查功能是指根据设计结果画出螺栓球节点的实体模型，然后根据已画出的实体模型检查节点的各个配件是否存在碰撞，也就是说此处碰撞检查的依据是真实的实体模型，并没有考虑节点设计时的最小容许间隙。因此，有可能出现节点设计时碰撞不通过，但是实体碰撞检查却没有碰撞的情况，这是由于不满足最小容许间隙而节点实际并没有发生碰撞造成的。

为了提高显示速度，碰撞检查时只显示了节点部分，杆件局部显示，如图 7-16 所示。螺栓球半透明显示，螺栓及配件实体显示。若发生碰撞，则会标红碰撞的实体部分。

注：（1）碰撞标红只标红检查时发现的第一处碰撞，并不一定标出全部的碰撞。

（2）软件进行螺栓球设计时做的碰撞检查采用简化的圆柱体，实体碰撞检查采用六边形棱柱。

（3）不需要时建议使用"取消实体显示"命令将实体删除，否则会造成后续操作卡顿。

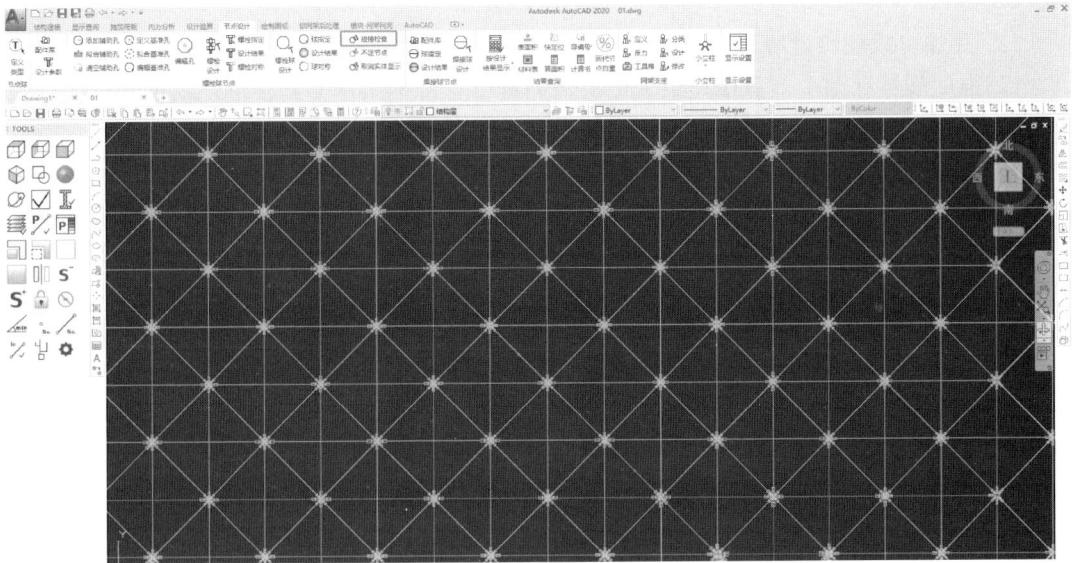

图 7-16　实体碰撞检查示意图

本项目经过实体碰撞检查，发现并无碰撞问题，可进行下一步设计。

7.2.8　螺栓球节点构造要求

1. 螺栓球节点零件的材质要求

《空间网格结构球型节点技术要求》GB/T 44534—2024（以下简称《球型节点要求》）：

5.1　螺栓球宜采用 GB/T 699 规定的 45 号圆钢锻造成型，其化学成分应符合 GB/T 223.5、GB/T 223.11、GB/T 223.19、GB/T 223.23、GB/T 223.59、GB/T 223.63、GB/T 223.79、GB/T 223.81、GB/T 223.85 和 GB/T 223.86 的规定。

5.2　高强度螺栓应采用符合 GB/T 3077 要求的材料，并应符合表 1 的规定。

表 1　高强度螺栓材料

螺纹规格	强度等级	材料
M12～M24	10.9S	20MnTiB、40Cr、35CrMo
M27～M36		40Cr、35CrMo
M39～M85×4	9.8S	42CrMo、40Cr

5.3　套筒材料应采用 45 号钢，并应符合 GB/T 699 的规定。

5.4　封板、锥头应选用与钢管一致的材料，锥头宜采用模锻成型。

5.5　紧固螺钉材料应采用 GB/T 3077 规定的 40Cr 或 20MnTiB 钢。

5.6　焊接空心球宜采用 Q235 和 Q355 钢材。

5.7　加工焊接时首次采用的原材料及焊接材料应进行焊接工艺评定，焊接工艺应符合 GB 50661 的有关规定。焊条应符合 GB/T 5117 和 GB/T 5118 的规定。焊丝应符合 GB/T 14957、GB/T 8110、GB/T 10045 及 GB/T 17493 的规定。

5.8　对于受压杆件的套筒应根据其承受的最大压力值验算套筒净截面面积和端部有

79

效承压面积。

2. 高强度螺栓性能等级

高强度螺栓在整个节点中是最关键的传力部分，螺栓头部为圆柱形，便于在锥头或封板内转动。

以下均为《球型节点要求》构造措施：

6.1.2.4 高强度螺栓的硬度应符合下列规定：

a）螺纹规格为 M12～M36 的高强度螺栓强度等级为 10.9S 时，热处理后其硬度为 32HRC～37HRC；

b）螺纹规格为 M39～M85×4 的高强度螺栓常规硬度为 32HRC～37HRC，该规格螺栓可用硬度试验代替抗拉极限承载力试验，对试验有争议时，进行芯部硬度试验，其硬度值不低于 28HRC；

c）对硬度试验有争议时，进行螺栓实物的抗拉极限承载力试验，并以此为仲裁试验。

注：32HRC～37HRC 通常指的是经过调质处理（即淬火和高温回火）后的碳钢硬度。32HRC 表示材料的硬度较高，37HRC 表示材料的硬度非常高，这种硬度范围的材料具有较高的强度和韧性，适用于制造承受较大应力和冲击的机械部件。这些部件在工作过程中需要具有良好的耐磨性和抗疲劳性能。

6.1.2.5 高强度螺栓的螺纹应符合 GB/T 196 的规定，螺纹公差应符合 GB/T 197 中 6g 级的规定。

6.1.2.6 高强度螺栓不应有任何淬火微裂纹。

6.1.2.7 高强度螺栓表面宜进行发黑处理。

6.1.2.8 高强度螺栓允许偏差应符合 GB/T 16939—2016 的相关规定。

3. 套筒构造要求

套筒是六角形的无纹螺母，主要用以拧紧螺栓和传递杆件轴向压力。

《空间网格规程》5.3.6 条：套筒（即六角形无纹螺母）外形尺寸应符合扳手开口系列，端部要求平整，内孔径可比螺栓直径大 1mm。

套筒可按现行国家标准《钢网架螺栓球节点用高强度螺栓》GB/T 16939 的规定与高强度螺栓配套采用，对于受压杆件的套筒应根据其传递的最大压力值验算其抗压承载力和端部有效截面的局部承压力。

对于开设滑槽的套筒应验算套筒端部到滑槽端部的距离，应使该处有效截面的抗剪力不低于紧固螺钉的抗剪力，且不小于 1.5 倍滑槽宽度。

套筒长度及螺栓长度详见《空间网格规程》图 5.3.6，套筒长度计算公式见《空间网格规程》式（5.3.6-1），螺栓长度计算公式见《空间网格规程》式（5.3.6-2），读者可自行查阅。

4. 锥头及封板构造要求

封板和锥头主要起连接钢管和螺栓的作用，承受杆件传来的拉力和压力。当杆件管径大于或等于 76mm 时，宜采用锥头连接，当杆件管径小于 76mm 时，采用封板连接。

《空间网格规程》5.3.7 条：杆件端部应采用锥头（图 5.3.7a）或封板连接（图 5.3.7b），其连接焊缝的承载力应不低于连接钢管，焊缝底部宽度 b 可根据连接钢管壁厚取 2mm～5mm。锥头任何截面的承载力应不低于连接钢管，封板厚度应按实际受力大小计算确定，封板及锥头底板厚度不应小于表 5.3.7 中数值。锥头底板外径宜较套筒外接圆直径大 1mm～2mm，锥头底板内平台直径宜比螺栓头直径大 2mm。锥头倾角应小于 40°。

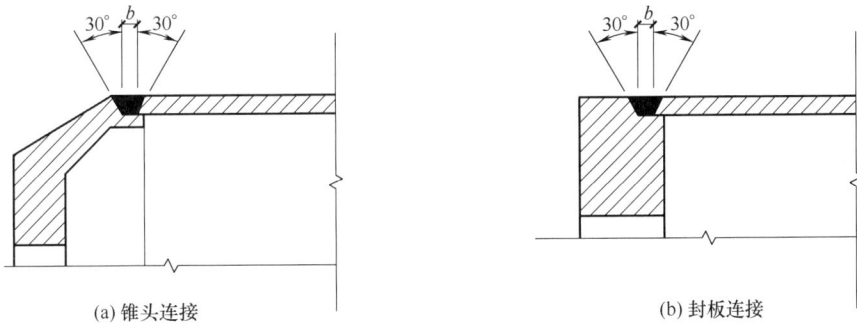

(a) 锥头连接　　　　　　　　　　　　　　(b) 封板连接

图 5.3.7　杆件端部连接焊缝

表 5.3.7　封板及锥头底板厚度

高强度螺栓规格	封板/锥头底厚(mm)	高强度螺栓规格	锥头底厚(mm)
M12、M14	12	M36～M42	30
M16	14	M45～M52	35
M20～M24	16	M56×4～M60×4	40
M27～M33	20	M64×4	45

5. 紧固螺钉构造要求

销钉（或螺钉）是通过套筒带动高强度螺栓转动的零件，是套筒和螺栓联系的媒介，通过它旋转套筒并推动螺栓伸入钢球内。在旋转套筒过程中，销钉（或螺钉）承受剪力，剪力大小与螺栓伸入钢球的摩擦力有关。为减少销钉（或螺钉）对螺栓有效面积的削弱，销钉（或螺钉）直径尽可能小些。

《空间网格规程》5.3.8 条：紧固螺钉宜采用高强度钢材，其直径可取螺栓直径的 0.16～0.18 倍，且不宜小于 3mm。紧固螺钉规格可采用 M5～M10。

7.2.9　节点设计失败如何处理？

1. 螺栓设计失败

螺栓设计失败，表示螺栓库中不存在满足强度的型号，也会受强度折减系数影响，可以通过"强度咨询"查看。软件会弹出提示框，并给出 4 种解决措施，如图 7-17 所示。出现该提示的原因是杆件内力过大，螺栓库中最大螺栓（M64）的抗拉承载力或套筒的抗压承载力不足。读者必须采取措施，如将单元所连节点改为焊接球、自定义大直径螺栓、提高套筒的材料强度等。

若螺栓强度满足，也可能出现找不

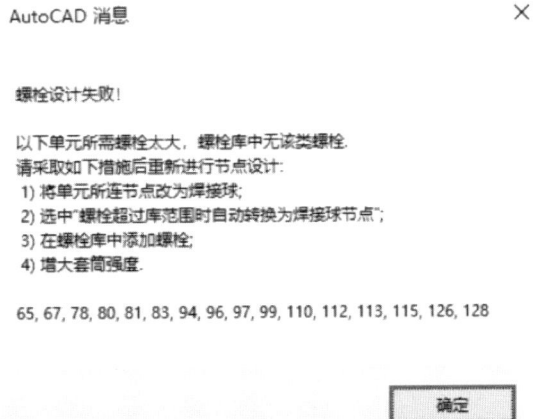

AutoCAD 消息　　　　　　　　　　　　✕

螺栓设计失败！

以下单元所需螺栓太大，螺栓库中无该类螺栓。
请采取如下措施后重新进行节点设计：
1) 将单元所连节点改为焊接球；
2) 选中"螺栓超过库范围时自动转换为焊接球节点"；
3) 在螺栓库中添加螺栓；
4) 增大套筒强度。

65, 67, 78, 80, 81, 83, 94, 96, 97, 99, 110, 112, 113, 115, 126, 128

确定

图 7-17　螺栓设计失败示意图

到相对应封板的情况，在结果查询对话框（图 7-18）中可以看到，点击验算后会在详细结果列表中提示"无对应封板"。常见螺栓材质和封板材质匹配原则：9.8 级螺栓（40Cr）可配 Q235B 封板（匹配 Q235B 杆件），10.9 级螺栓（40Cr）必配 Q345B 封板（匹配 Q345B 杆件，若杆件受力较小且设计荷载允许可匹配 Q235B 杆件）。

编号	钢管	轴力上限(kN)	轴力下限(kN)	螺栓	类型	数量	重量	封板/锥头	重量	套筒	重量	结论
1	φ48*3.5	0.00	-99.71	M0	不固定	16	0.00	-	0	0*0*0	0.00	设计失败
2	φ48*3.5	103.64	0.00	M20	不固定	180	45.00	FB40*16	45.00	39.3*35*34	49.61	全部满足
3	φ48*3.5	131.67	0.00	M24	不固定	36	14.76	FB40*16	9.00	47.3*40*41	16.43	全部满足
4	φ48*3.5	0.00	-41.32	M27	不固定	8	4.64	-	0	53.1*40*46	4.60	无对应封板
5	φ60*3.5	0.00	-181.45	M0	不固定	8	0.00	-	0	0*0*0	0.00	设计失败
6	φ88.5*4	0.00	-280.74	M0	不固定	8	0.00	-	0	0*0*0	0.00	设计失败
合计						256	64.40		54.00		70.64	

总重(kg): 189.04   标红不满足 显示不满足 强度查询 验算 归并 关闭

图 7-18　螺栓及相应配件设计失败示意图

当出现上述问题又不想改用焊接球或者配件库也没有相应螺栓需要自定义，会引起一系列配套的改变，其最根本的原因是杆件内力太大，有时候为了避免相应的麻烦，可以适当地增加网架高度，这样可以增加上弦和下弦的力臂距离来减小杆件内力。但是如果只有局部几个位置出现这种情况而采取增加整个网架高度，经济性不好，可适当改变局部的网格划分，比如增加网格数使原先的节点受荷面积变小，这样也可以减小螺栓受力。

2. 螺栓球设计失败

螺栓球设计失败可能有以下几种情况：

（1）当螺栓球设计失败时会弹出以下对话框，绘制出设计失败的节点并提供 2 种解决措施。如图 7-19 所示。

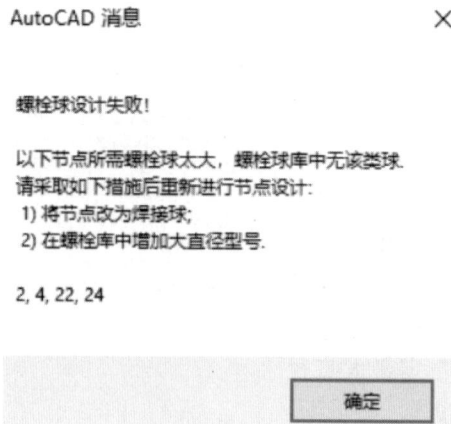

AutoCAD 消息　　　　　　　×

螺栓球设计失败！

以下节点所需螺栓球太大，螺栓球库中无该类球。
请采取如下措施后重新进行节点设计：
　1) 将节点改为焊接球；
　2) 在螺栓库中增加大直径型号。

2, 4, 22, 24

确定

图 7-19　螺栓球设计失败示意图（一）

（2）螺栓球设计失败提示，如图 7-20 所示。出现该提示的原因是杆件夹角过小或杆件过大，球库中的最大螺栓球已不能满足相碰要求。读者必须采取措施，如将该类节点定义为焊接球，螺栓球节点设计时选中"螺栓球直径超过配件库中范围时用焊接球代替"项，在球库中增加大直径螺栓球等。

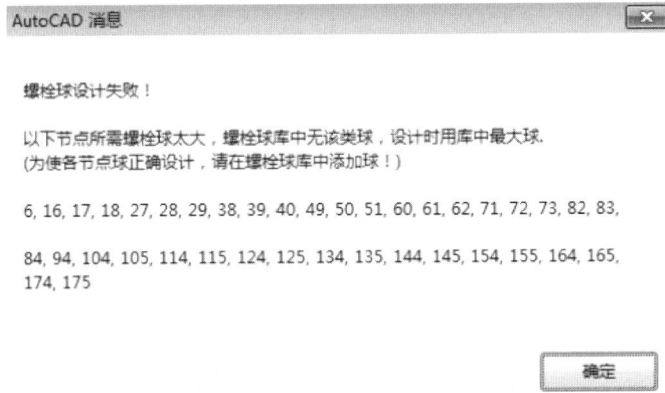

图 7-20　螺栓球设计失败示意图（二）

如果配件库中最大的螺栓球都无法满足，可采用以下几种方法：

（1）优化节点布置与杆件布局

减少杆件连接数量：通过调整网格划分或节点位置，减少每个节点的杆件数量，降低对螺栓球尺寸的需求。

优化杆件角度：避免杆件间夹角过小，调整角度分布以利用现有螺栓球空间，防止杆端碰撞。

适合解决节点杆件较多导致的碰撞问题不满足而需要更大的螺栓球直径。

（2）提升材料强度

采用高强度螺栓与杆件：使用更高强度等级的材料（如 9.8 级或 10.9 级螺栓），在相同受力条件下减小杆件直径，从而降低对螺栓球尺寸的要求。

适合大面积的螺栓球直径不满足的情况。如果只有局部几个位置的情况而导致整体提升材料强度，经济性不好。

（3）替代节点方案

焊接空心球节点：若允许焊接，可采用空心球节点替代螺栓球，适应更大的连接需求。

3. 锥头设计失败

"××钢管未找到对应锥头！软件自动增加新型号"提示。出现该类提示的原因是模型中的构件截面不是软件默认的网架截面，比如读者增加了 $\phi108.0\times4$ 钢管，而该钢管没有对应锥头。解决措施：改用软件默认的网架钢管截面，或在锥头库中增加该钢管对应的锥头型号等。

软件设定网架的配件库具有一一对应关系，如 $\phi114\times4$ 钢管对应的螺栓范围是 M20～M33，如果按内力要求需要采用 M36 螺栓，读者或者在锥头库中增加 $\phi114\times$ 4/M36 锥头后再进行节点设计，或者让软件自动加大钢管（如图 7-21 所示，选择"是"），此时，模型中的对应杆件将加大一个或几个型号（$\phi140\times4$），直到螺栓强度满足要求为止。因为钢管增大，最好重新进行内力分析、构件验算校核（不要优选）、螺栓球节点设计，直到无"有钢管、螺栓未找到对应锥头"提示为止。

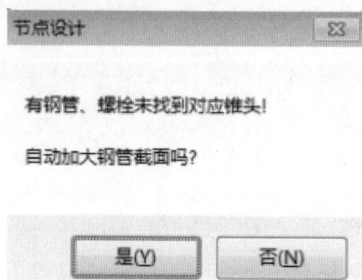

图 7-21　锥头设计失败示意图

7.3　结果查询

7.3.1　按设计结果显示

该功能提供三个功能，仅显示设计失败的螺栓、标红设计失败的螺栓、标红设计失败的球。

7.3.2　表面积统计

此命令可统计构件和节点的表面积，用于油漆用量计算，并能导出 Excel 文件。

7.3.3　快定位

模型在出加工图后可以通过此命令快速定位相应编号节点单元的位置。

7.3.4　回代节点自重

功能：将节点设计之后的节点自重回代至施加荷载→节点自重中。

步骤：点击"自动回代节点自重"按钮，如图 7-22 所示。点击自动定义。

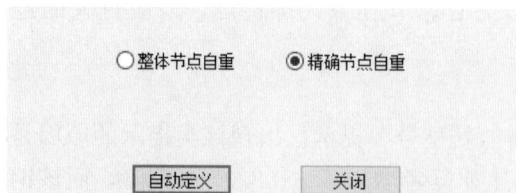

图 7-22　自动回代节点自重示意图

整体节点自重：（模型网架节点设计总重量－模型网架线单元几何长度下的总重量）/模型网架线单元几何长度下的总重量×100%，定义在模型所有网架杆件上。

精确节点自重：（下料长度/几何长度－1）×100%，分别精确定义在单元节点自重中，球节点＋配件的重量以节点自重质量的形式定义在网架节点上。

一般而言，回代节点自重大于初始手动输入节点自重，执行此命令后重新进行内力计算，再重新校核一次，然后把后面的流程走一遍。

7.4 网架计算书

网架计算书增加了模型总体应力比分布图、杆件内力及对应螺栓、螺栓球和焊接球设计结果等功能。

同时增加了网架验算不满足项标红功能，计算书默认输出不含弯矩，若需要输出弯矩，需自己勾选该选项。

软件能够根据结构的模型生成总体信息和数据结果，并默认存放在 user 目录下一个后缀名为 DOC 的 Word 文件。

输出对话框中列出了大部分的模型信息和计算结果，如果使用者全选，则生成的文件会很大，内容也很多，用 Word 打开的时间也比较长，所以软件提供了默认输出项选项，默认了常用的选项，读者可以按照当地审图办具体要求选择需要输出的内容，一般不用全选。生成计算书如图 7-23 所示。

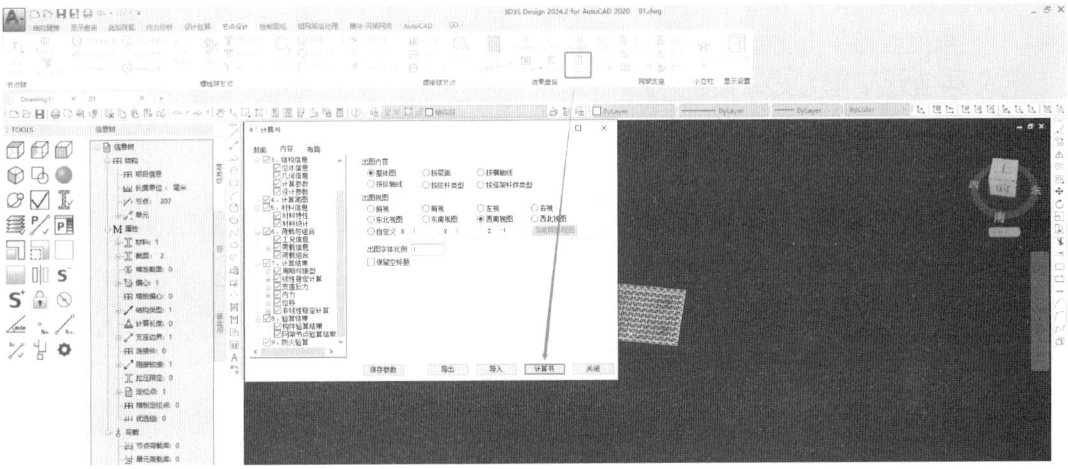

图 7-23 网架整体计算书示意图

7.5 支座节点

网架结构一般支承在柱顶或圈梁等支承结构上，支座节点即指位于支承结构上的网架节点。它既要连接在网架支承处汇交的杆件，又要支承整个结构，并将作用在网架上的荷载传递到下部支承结构上。因此，支座节点是网架结构与下部支承结构联系的纽带，也是整个结构中的重要部位之一。

《空间网格规程》5.9.1 条：空间网格结构的支座节点必须具有足够的强度和刚度，在荷载作用下不应先于杆件和其他节点而破坏，也不得产生不可忽略的变形。支座节点构造形式应传力可靠、连接简单，并应符合计算假定。

网架结构的支座节点应能保证安全而可靠地传递支座反力，因此它必须具有足够的强度和刚度，并满足下列条件：

（1）支座节点的构造应适应于它们的受力特点。在竖向荷载作用下，支座节点一般均为受压。但在一些斜放类的网架中，局部支座节点可能要承受拉力作用，甚至还可能要承受水平力作用。

（2）支座节点的构造应尽量符合计算假定。支座一般为铰接支座，即应使连接于支座节点的杆件重心线与支承反力汇交于一点，并应在构造上允许支座转动。否则在设计和实际约束条件的差异将导致杆件内力与支座反力的改变，甚至使内力正负号发生改变。

（3）为了消除或减少温度应力的影响，在构造上应能允许支座节点水平滑移。

为此，支座设计时必须对其受力状态，温度变化、跨度大小以及支承结构的受力特点等具体情况加以综合考虑。

7.5.1 支座节点类型

根据支座节点传递的支承反力情况，支座节点一般分为压力支座节点和拉力支座节点两类。

1. 压力支座节点

（1）平板压力支座节点。

（2）单面弧形压力支座节点。

（3）双面弧形压力支座节点。

（4）球铰压力支座节点。

（5）板式橡胶支座节点。

2. 拉力支座节点

（1）平板拉力支座节点。

（2）单面弧形拉力支座节点。

7.5.2 平板压力支座节点

平板压力支座的主要特点包括构造简单、加工方便、用钢量省，并且其转动刚度大。这种支座通过螺栓或焊接固定，限制支座节点的自由转动，导致角位移受到很大的约束。

由于平板压力支座的角位移受到很大的约束，它主要适用于支座无明显不均匀沉陷、温度应力影响不大的较小跨度的轻型网架。在过大跨度的网架中，由于温度变形或荷载作用下的角位移需求增大，平板支座无法释放转动应力，容易引发局部破坏，因此不适用于大跨度网架。

实际工程中，为使网架拼装方便，常不设定位锚栓，而在支座节点的底板与支承面顶板间加设一块连有埋头螺栓的过渡钢板，安装定位后将过渡钢板的侧边与支承面顶板焊接，并将过渡钢板上的埋头螺栓与支座底板相连，相应的支座节点详图见图集《钢网架结构设计》07SG531 第 17 页，图 7-24 为图集带有过渡板的平板压力支座的节选。

（1）支座底板面积：

对于平板压力支座，支座底板面积可按下式计算：

$$A_{\mathrm{pb}} = a \times b \geqslant R / f_{\mathrm{c}} \tag{7-1}$$

（2）支座底板厚度：

$$t_{\mathrm{pb}} \geqslant \sqrt{\frac{6M_{\max}}{f}} \tag{7-2}$$

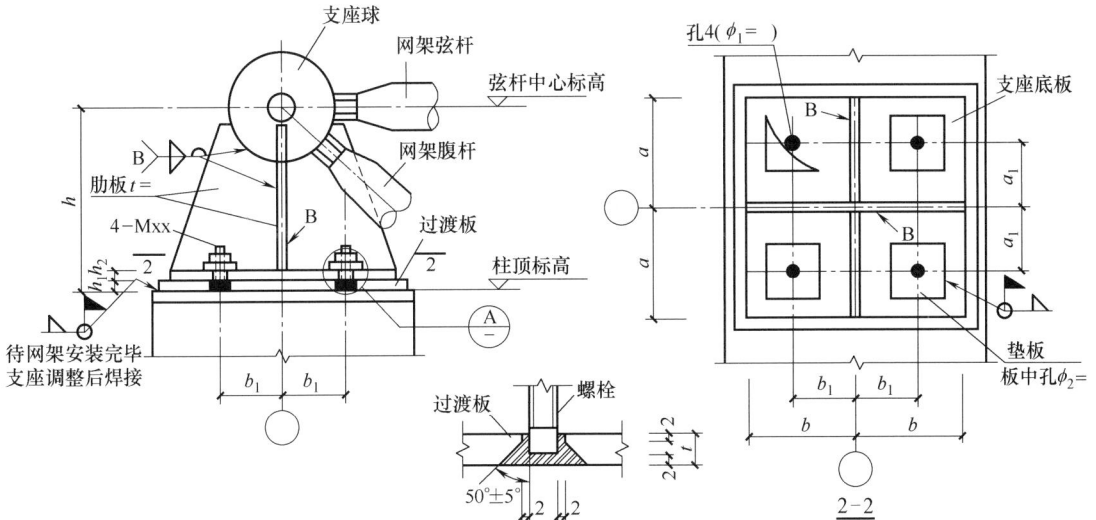

带有过渡板的平板压力支座(二)

Ⓐ

图 7-24　带有过渡板的平板压力支座节选

式中：a、b——支座底板的宽度和长度；

R——屋盖支座垂直反力；

f_c——支座底板下的混凝土轴心抗压强度设计值；

M_{max}——相邻边或三边支承的矩形板在平行于 b_1 方向单位宽度上的最大弯矩，可按下式计算：

$$M_{max} = \alpha \sigma_c {\alpha_1}^2 \tag{7-3}$$

式中：σ_c——支座底板下的混凝土分布反力，可按下式计算：

$$\sigma_c = R/A_{pb} \leqslant f_c \tag{7-4}$$

α_1——两相邻边支承板的对角线长度或三边支承板的自由边长度；

α——与 b_1/a_1 有关的系数，按表 7-1 取用。

系数 α 值　　　　　　　　　　　　　　　　　　　表 7-1

	b_1/a_1	0.30	0.35	0.40	0.45	0.50	0.55	0.60	0.65	0.70	0.75	0.80	0.85
两相邻边支承板	α	0.027	0.036	0.044	0.052	0.060	0.068	0.075	0.081	0.087	0.092	0.097	0.102
	b_1/a_1	0.90	0.95	1.00	1.10	1.20	1.30	1.40	1.50	1.75	2.00	>2.00	
三边支承板	α	0.105	0.109	0.112	0.117	0.121	0.124	0.126	0.128	0.130	0.132	0.133	

注：当 $b_1/a_1 < 0.3$ 时，按悬臂板计算。

87

支座底板的厚度一般在 12～20mm 范围内采用。

（3）支座节点板侧向加劲肋厚度：

支座节点板（或垂直支承板）的侧向垂直加劲肋的厚度，一般可按支座底板厚度的 0.7 倍采用。

（4）加劲肋双面连接角焊缝：

每块加劲肋与支座节点板（或垂直支承板）的双面连接角焊缝（即从底板顶面算起的垂直方向焊缝），可近似地按式（7-5）计算强度。即：

$$\sigma_{fs}=\sqrt{(\sigma_M)^2+(\tau_v)^2}=\sqrt{\left(\frac{6M}{2\times0.7h_fl_{wv}^2}\right)^2+\left(\frac{V}{2\times0.7h_fl_{wv}}\right)^2}\leqslant f_f^w \qquad (7-5)$$

式中：σ_M——在偏心弯矩 M 作用下垂直角焊缝的正应力；

τ_v——在剪力 V 作用下垂直角焊缝的剪应力；

M——偏心弯矩，按下式计算：

$$M=1/8R/l_{wH} \qquad (7-6)$$

V——剪力，按下式计算：

$$V=R/4 \qquad (7-7)$$

l_{wv}——垂直加劲肋与支座节点板的垂直角焊缝的计算长度；

l_{wH}——垂直加劲肋与支座底板的水平角焊缝的计算长度。

（5）支座底板与节点板（或垂直支承板）和垂直加劲肋的水平连接焊缝，一般采用角焊缝，焊脚尺寸 h_f 可在 6～10mm 的范围内采用；焊缝强度可近似地按下式计算：

$$\sigma_f=\frac{R}{0.7h_f\sum l_{wH}}\leqslant f_f^w \qquad (7.8)$$

式中：$\sum l_{wH}$——水平角焊缝的总计算长度。

（6）网架支承支座与柱或墙或梁的连接，可采用锚栓连接，也可采用焊接连接。当采用锚栓连接时，一般按构造要求设置，其直径最好在 16～24mm 范围内采用。

锚栓在混凝土中的锚固长度一般不宜小于 25d（不含弯钩，d 为锚栓直径）。

支座底板上的锚栓孔径，一般取锚栓直径的 2 倍左右。锚栓孔上应设置垫板，垫板的厚度一般采用支座底板厚度的 0.7～1.0 倍，其锚栓孔径一般比锚栓直径大 1～2mm。

7.5.3 拉力支座节点

（1）在网架结构中，有些周边支承的网架在角隅处往往产生垂直拉力，特别是两向正交斜放网架，当主板带（长梁）直通角隅支点并支承于角柱上时，在网架四个角的支座均将产生垂直拉力；因此，设计时应根据支承点承受垂直拉力的特点设计成拉力支座。但是在小跨度的轻型网架中，当支座的垂直拉力较小时，拉力支座可采用压力支座的构造连接形式（图 7-25），而只利用连接锚栓来承受支座的垂直拉力。

（2）在中、小跨度的网架中，当支座的垂直拉力较大时，一般宜设置锚栓支承托座并利用锚栓来承受支座垂直拉力（图 7-26），此时锚栓的直径应按支座垂直拉力的 1.3 倍计算确定；同时尚应满足构造上的要求，一般锚栓的直径不应小于 20mm。

承受支座垂直拉力的一个锚栓的有效面积，可按下式计算：

$$A_{ea}\geqslant1.3R_t/n_af_t^a \qquad (7.9)$$

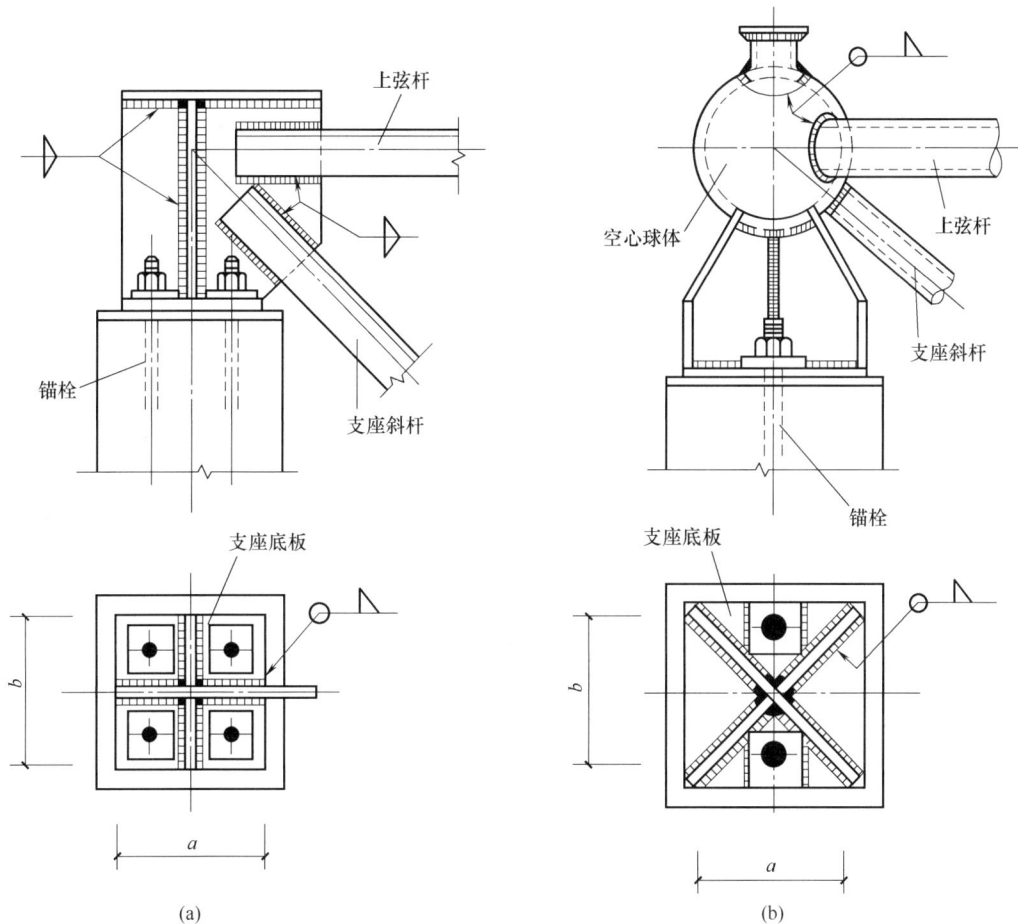

上弦杆

锚栓

支座斜杆

空心球体

上弦杆

支座斜杆

锚栓

支座底板

支座底板

b

a

(a)

b

a

(b)

图 7-25　平板支座节点示意图

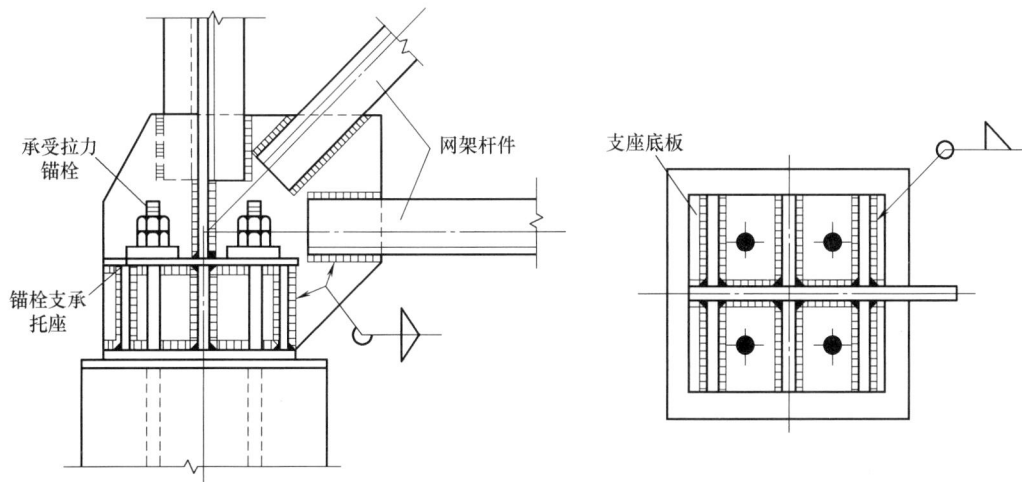

承受拉力锚栓

网架杆件

支座底板

锚栓支承托座

图 7-26　平板拉力支座节点示意图

式中：R_t——支座垂直拉力；

　　　　n_a——锚栓数目；

f_t^a——锚栓的抗拉强度设计值。

锚栓支承托座的高度，应按锚栓受拉所需的焊缝强度确定，一般不宜小于 300mm。支承托座顶板的厚度也应根据锚栓承受的拉力和顶板的支承条件确定，一般顶板厚度取值与底板厚度相同，且不宜小于 16mm。支承加劲肋的厚度一般取 0.7 倍底板厚度，且不宜小于 12mm。

支座处板与板的相互连接，一般宜采用角焊缝，其焊脚尺寸 h_f：当采用双面角焊缝时，取 $h_f \geqslant 6mm$；当采用单面角焊缝时，取 $h_f = 0.7t_p$（较薄板厚）。

除满足以上已有构造要求外，支座节点竖向支承板与底板的设计与构造还应满足下列要求：

（1）支座竖向支承板十字中心线应与支座竖向反力作用线一致，并与支座节点连接的杆件中心线汇交于支座球节点中心。

（2）支座球节点底部至支座底板间的距离尽量减小，并考虑空间网格结构边缘斜腹杆与支座节点竖向中心线间的交角，防止斜腹杆与支座边缘相碰。

这一要求主要考虑到支座节点可能存在一定的水平反力，为减少由此产生的附加弯矩，应尽量减小支座球节点中心至支座底板的距离。

（3）支座竖向支承板厚度应保证其自由边不发生侧向屈曲，且不宜小于 10mm。对于拉力支座节点，支座竖向支承板的最小截面面积及相关连接焊缝必须满足强度要求。

（4）支座节点底板的净面积应满足支承结构材料的局部受压要求，其厚度应满足底板在支座竖向反力作用下的抗弯要求，且不宜小于 12mm。

（5）支座节点底板的锚孔孔径比锚栓直径大 10mm，并应考虑适应支座节点水平位移的要求。

（6）支座节点锚栓按构造要求设置时，其直径可取 20～25mm，数量取 2～4 个。拉力锚栓应经计算确定，锚固长度不应小于 25 倍锚栓直径，并应设置双螺母。

（7）当支座底板与基础面摩擦力小于支座底部的水平反力时应设置抗剪键，不得利用锚栓传递剪力；当支座节点中的水平剪力大于竖向压力的 40% 时，应通过抗剪键传递水平剪力。

（8）支座节点竖向支承板与螺栓球节点相连时，应将螺栓球体预热至 150～200℃，以小直径焊条分层、对称施焊，并保温缓慢冷却。

7.5.4 板式橡胶支座节点

我国在 20 世纪 60 年代就已将橡胶支座用于桥梁结构，多年的工程实践表明，它的使用效果良好。目前已经在网架结构中得到一定的应用。板式橡胶支座是在支座底板与支承面顶板或过渡钢板间加设橡胶垫板而实现的一种支座节点（图 7-27）。由于橡胶垫板具有良好的弹性和较大的剪切变位能力，因而支座既可微量转动，又可在水平方向产生一定的弹性变位。这种支座对于减小或消除温度应力、减轻地震作用的影响以及改善下部支承结构的受力状态都是有利的。与其他类型支座相比，板式橡胶支座具有构造简单、安装方便、节省钢材、造价较低等优点，适用于支座反力较大，有抗震要求、温度影响、水平位移较大与有转动要求的大、中跨度空间网格结构。由于支座本身具有一定的水平刚度，结构分析时 n 可按有水平弹性刚度二向可动铰接支座计算。

为防止橡胶垫板产生过大的水平变位，可将支座底板与支承面顶板或过渡钢板加工成"盆"形，或在节点周边设置其他限位装置，防止橡胶垫板产生过大位移。支座底板与支承面顶板或过渡钢板由贯穿橡胶垫板的锚栓连成整体。锚栓的螺母下也应设置压力弹簧以适应支座的转动。支座底板与橡胶垫板上应开设相应的圆形或椭圆形锚孔，以适应支座的水平变位。

《空间网格规程》5.9.6 条：橡胶板式支座节点（图 5.9.6），可用于支座反力较大、有抗震要求、温度影响、水平位移较大与有转动要求的大、中跨度空间网格结构，可按本规程附录 K 进行设计。

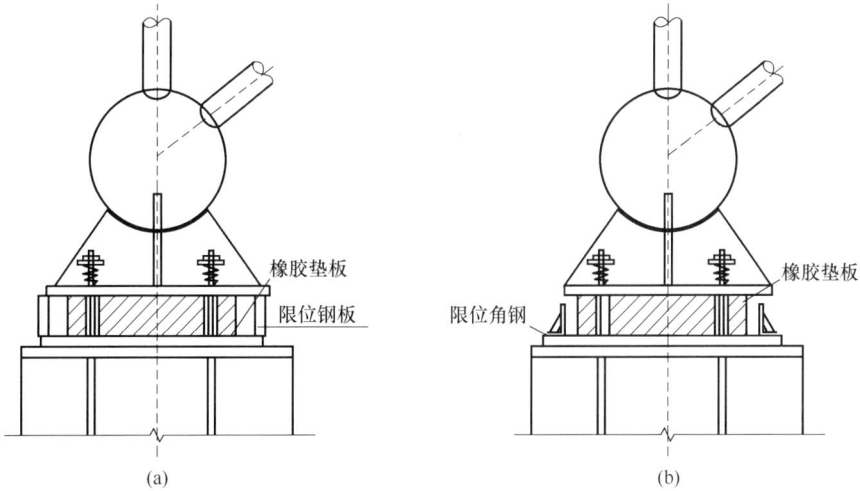

图 7-27　橡胶板式支座示意图

支座节点设计时，当支座底板与基础面摩擦力小于支座底部的水平反力时，应设置抗剪键，不得利用锚栓传递剪力（图 7-28）。

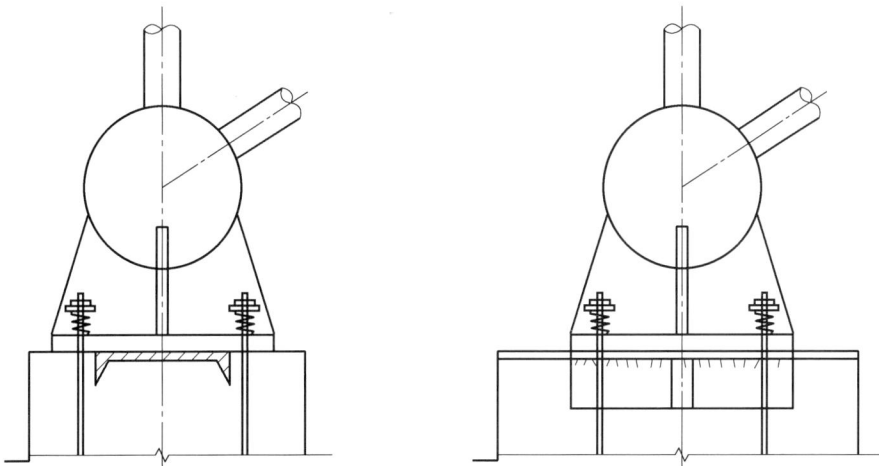

图 7-28　支座节点抗剪键示意图

1. 橡胶垫板的胶料物理机械及力学性能指标

《空间网格规程》K.0.1 条：橡胶垫板的胶料物理性能与力学性能可按表 K.0.1-1、表 K.0.1-2 采用。

表 K.0.1-1　胶料的物理性能

胶料类型	硬度（邵氏）	扯断力（MPa）	伸长率（%）	300%定伸强度（MPa）	扯断永久变形（%）	适用温度不低于
氯丁橡胶	60°±5°	≥18.63	≥4.50	≥7.84	≤25	−25℃
天然橡胶	60°±5°	≥18.63	≥5.00	≥8.82	≤20	−40℃

表 K.0.1-2　橡胶垫板的力学性能

允许抗压强度 $[\sigma]$（MPa）	极限破坏强度（MPa）	抗压弹性模量 E（MPa）	抗剪弹性模量 G（MPa）	摩擦系数 μ
7.84～9.80	＞58.82	由支座形状系数 β 按表 K.0.1-3 查得	0.98～1.47	（与钢）0.2（与混凝土）0.3

表 K.0.1-3　"E-β" 关系

β	4	5	6	7	8	9	10	11	12
E(MPa)	196	265	333	412	490	579	657	745	843
β	13	14	15	16	17	18	19	20	
E(MPa)	932	1040	1157	1285	1422	1559	1706	1863	

注：支座形状系数 $\beta = \dfrac{ab}{2\,(a+b)\,d_i}$；$a$、$b$ 分别为支座短边及长边长度（m）；d_i 为中间橡胶层厚度（m）。

2. 橡胶垫板的设计计算

《空间网格规程》K.0.2 条：橡胶垫板的设计计算应符合下列规定：

1　橡胶垫板的底面面积 A 可根据承压条件按下式计算：

$$A \geqslant R_{\max} / [\sigma] \tag{K.0.2-1}$$

式中：A——橡胶垫板承压面积，即 $A = a \times b$（如橡胶垫板开有螺孔，则应减去开孔面积）；

a、b——支座的短边与长边的边长；

$R_{\max}$——网架全部荷载标准值作用下引起的支座反力；

$[\sigma]$——橡胶垫板的允许抗压强度，按本规程表 K.0.1-2 采用。

2　橡胶垫板厚度应根据橡胶层厚度与中间各层钢板厚度确定（图 K.0.2）。

橡胶层厚度可由上、下表层及各钢板间的橡胶片厚度之和确定：

$$d_0 = 2d_t + nd_i \tag{K.0.2-2}$$

式中：d_0——橡胶层厚度；

d_t、d_i——分别为上（下）表层及中间各层橡胶片厚度；

n——中间橡胶片的层数。

根据橡胶剪切变形条件，橡胶层厚度应同时满足下列公式的要求：

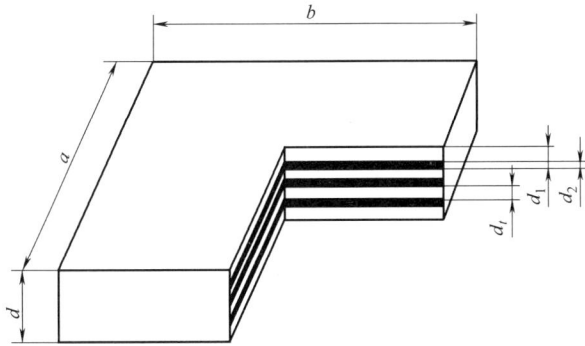
图 K.0.2 橡胶垫板的构造

$$d_0 \geq 1.43u \qquad (K.0.2\text{-}3)$$

$$d_0 \leq 0.2a \qquad (K.0.2\text{-}4)$$

式中：u——由于温度变化等原因在网架支座处引起的水平位移。

上、下表层橡胶片厚度宜取 2.5mm，中间橡胶层常用厚度宜取 5mm、8mm、11mm，钢板厚度宜取用 2mm～3mm。

橡胶垫板总厚度为橡胶层厚度与加劲薄钢板总厚度。板式橡胶支座的总厚度应根据网架跨度方向的伸缩量和网架支座转角的要求来确定。一般可在短边长度的 1/10～3/10 的范围内采用，且不宜小于 40mm。

3 橡胶垫板平均压缩变形 ω_m 可按下式计算：

$$A \geq \sigma_m d_0 / E \qquad (K.0.2\text{-}5)$$

式中：σ_m——平均压应力，$\sigma_m = R_{max}/A$。

橡胶垫板的平均压缩变形应满足下列条件：

$$0.05d_0 \geq \omega_m \geq 1/2\theta_{max}a \qquad (K.0.2\text{-}6)$$

式中：θ_{max}——结构在支座处的最大转角（rad）。

4 在水平力作用下橡胶垫板应按下式进行抗滑移验算：

$$uR_g \geq GAu/d_0 \qquad (K.0.2\text{-}7)$$

式中：u——橡胶垫板与混凝土或钢板间的摩擦系数，按本规程表 K.0.1-2 采用；

R_g——乘以荷载分项系数 0.9 的永久荷载标准值作用下引起的支座反力；

G——橡胶垫板的抗剪弹性模量，按本规程表 K.0.1-2 采用。

3. 橡胶垫板的构造

《空间网格规程》K.0.3 条：橡胶垫板的构造应符合下列规定：

1 对气温不低于－25℃地区，可采用氯丁橡胶垫板；对气温不低于－30℃地区，可采用耐寒氯丁橡胶垫板；对气温不低于－40℃地区，可采用天然橡胶垫板；

2 橡胶垫板的长边应顺网架支座切线方向平行放置，与支柱或基座的钢板或混凝土间可用 502 胶等胶粘剂粘结固定；

3 橡胶垫板上的螺孔直径应大于螺栓直径 10mm～20mm，并应与支座可能产生的水平位移相适应；

4 橡胶垫板外宜设限位装置，防止发生超限位移；

5 设计时宜考虑长期使用后因橡胶老化而需更换的条件，在橡胶垫板四周可涂以防止老化的酚醛树脂，并粘结泡沫塑料；

6 橡胶垫板在安装、使用过程中，应避免与油脂等油类物质以及其他对橡胶有害的物质的接触。

4. 橡胶垫板的弹性刚度

《空间网格规程》K.0.4 条：橡胶垫板的弹性刚度计算应符合下列规定：

1 分析计算时应把橡胶垫板看作一个弹性元件，其竖向刚度 K_{z0} 和两个水平方向的侧向刚度 K_{n0} 和 K_{s0} 分别可取为：

$$K_{z0}=\frac{EA}{d_0},K_{n0}=K_{s0}=\frac{GA}{d_0} \tag{K.0.4-1}$$

2 当橡胶垫板搁置在网架支承结构上，应计算橡胶垫板与支承结构的组合刚度。如支承结构为独立柱时，悬臂独立柱的竖向刚度 K_{zl} 和两个水平方向的侧向刚度 K_{nl}、K_{sl} 应分别为：

$$K_{zl}=\frac{E_l A_l}{l},\ K_{nl}=\frac{3E_l I_{nl}}{l^3},\ K_{sl}=\frac{3E_l I_{sl}}{l^3} \tag{K.0.4-2}$$

式中：E_l——支承柱的弹性模量；

I_{nl}、I_{sl}——支承柱截面两个方向的惯性矩；

l——支承柱的高度。

橡胶垫板与支承结构的组合刚度，可根据串联弹性元件的原理，分别求得相应的组合竖向与侧向刚度 K_z、K_n、K_s，即：

$$K_z=\frac{K_{z0}K_{zl}}{K_{z0}+K_{zl}},\ K_n=\frac{K_{n0}K_{nl}}{K_{n0}+K_{nl}},\ K_s=\frac{K_{s0}K_{sl}}{K_{s0}+K_{sl}} \tag{K.0.4-3}$$

如支承结构沿网格边界构成框架柱时，考虑到框架柱在自身平面内构成一个强大的抗侧力体系，可近似取 $K_{sl}=\infty$。

7.5.5 网架支座设计

1. 定义网架支座

定义网架支座，软件只对已定义为网架支座的节点进行支座设计，本项目网架支座定义如图 7-29 所示。

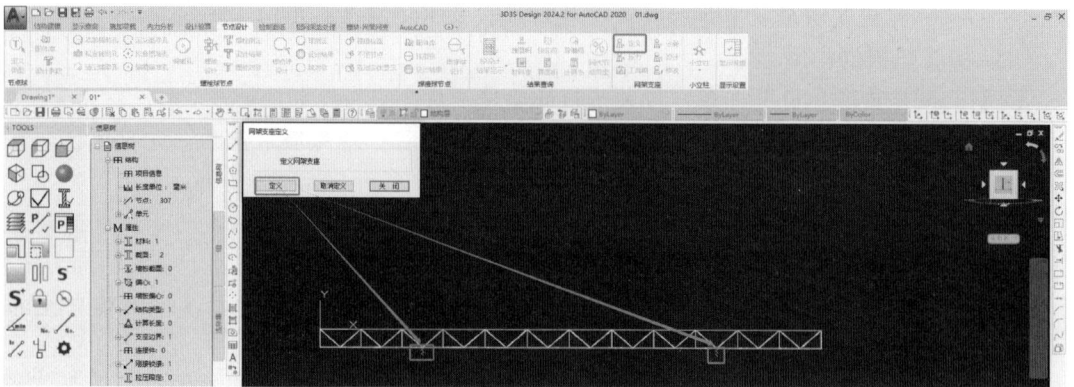

图 7-29 网架支座定义示意图

网架支座与模型支座边界的区别：如果工程中只有网架构件，一般情况下模型支座边界就是网架支座，此时，读者只需将模型支座边界节点定义为网架支座即可；如果网架支承在柱上（即整体建模），则柱下端与大地连接的节点是模型的支座边界节点，柱与网架交接的节点才是网架支座。

柱下端与大地连接的节点为模型的支座边界节点，柱与网架交接的节点为网架支座（圆点），如图 7-30 所示。

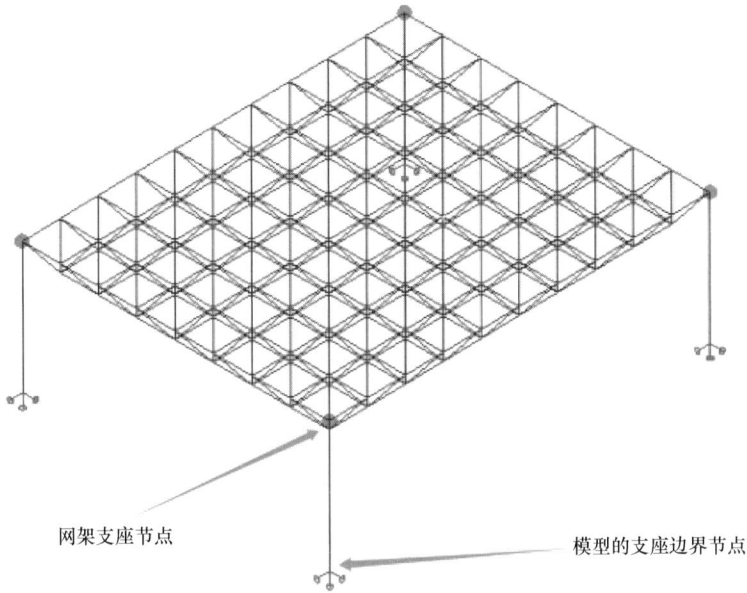

图 7-30　整体建模时网架支座定义示意图

特别提醒：如果网架放在柱上端，在进行网架节点设计时，不要选择柱单元，否则程序认为柱也是网架构件，此时柱上端节点内力已经平衡，将导致网架支座内力为零；如果不选择柱单元，程序将柱上端内力反算成网架支座反力，再进行支座节点设计。

若柱子上端有橡胶支座，则采用连接单元来模拟橡胶支座的刚度，此时，切换到基本分析模块，在构件属性—定义连接按钮中调出连接单元对话框，如图 7-31 所示。连接类型可采用线性，U_1、U_2、U_3 为位移刚度，R_1、R_2、R_3 为转角刚度，下标 1、2、3 含义参见局部坐标系。

方向【1】，连接单元局部坐标系 1 轴方向的刚度；

方向【2】，连接单元局部坐标系 2 轴方向的刚度；

方向【3】，连接单元局部坐标系 3 轴方向的刚度；

方向【4】，绕连接单元局部坐标系 1 轴方向的转动弹性刚度；

方向【5】，绕连接单元局部坐标系 2 轴方向的转动弹性刚度；

方向【6】，绕连接单元局部坐标系 3 轴方向的转动弹性刚度。

2. 网架支座反力

点击该命令，选择要显示的网架支座节点，单击鼠标右键可以显示图 7-32，选择相应的工况或组合显示需要的支座反力。一般与设计院配合设计时可提供此数值设计下部结构。

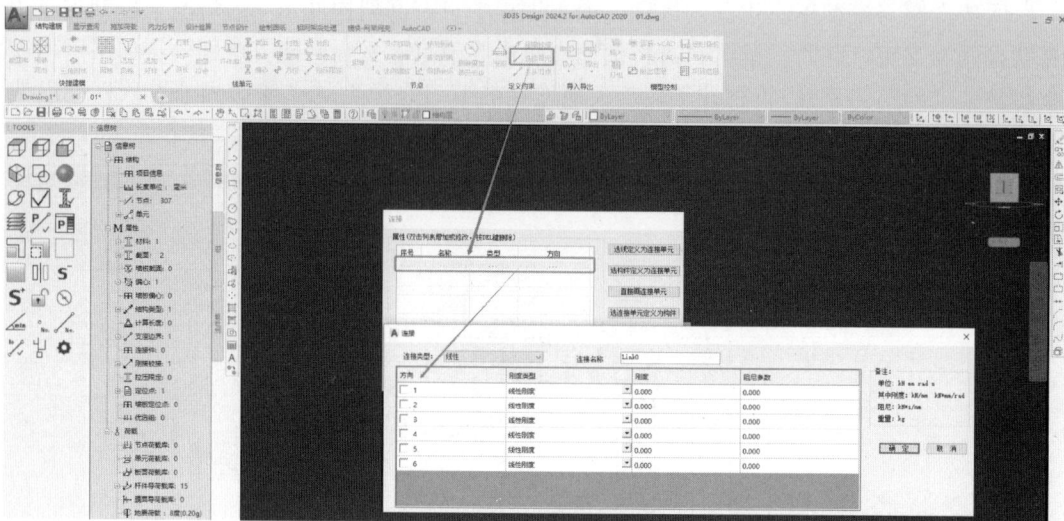

图 7-31　连接单元模拟橡胶支座刚度示意图

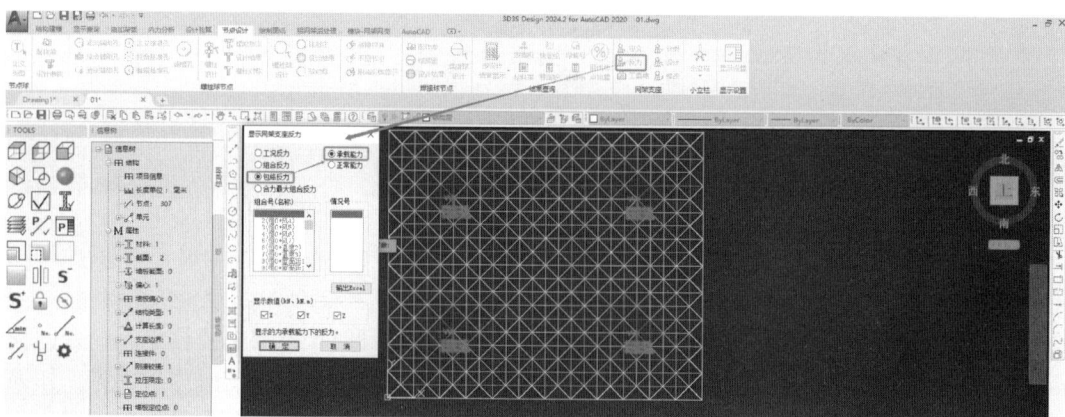

图 7-32　网架支座反力示意图

7.5.6　支座类型分类

选择同一类型的支座节点，输入支座节点分类号，指定对应的支座类型，所选择的支座的形式和尺寸相同，即同一分类号下的支座形式及尺寸相同，对于受力特性差别比较大的支座可编成不同的分类号以得到不同尺寸的支座。同一分类号的节点，若对应的球径不同，软件会自动分类。

正向平板支座和橡胶支座勾选"按双向支座设计"定义网架支座节点，在水平方向可设置水平支座与 X 轴正向的夹角，在支座设计中会自动判断碰撞检测是否通过。

本项目网架支座类型定义如图 7-33 所示。

7.5.7　支座设计

对支座的板件、焊缝、螺栓等进行设计，支座设计参考《钢结构连接节点设计手册》（第三版）、《钢结构设计标准》GB 50017—2017、《混凝土结构设计标准》GB/T 50010—

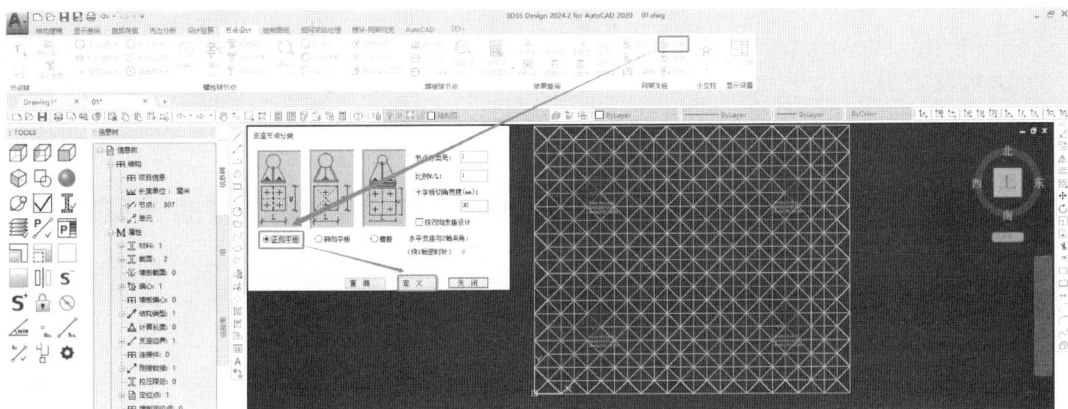

图 7-33　定义网架支座类型示意图

2010（2024 年版）。支座方向是通过指定节点局部坐标系实现的。

双向支座设计可分别定义水平支座、竖向支座的反力分配系数，选择网架支座节点处的支座反力分配给水平和竖向支座的百分比。默认系数为 1，程序规定该两项系数均不得小于 0.75。本案例只需设置竖向支座，无须设置水平支座，不用选择"按双向支座设计"。

3D3S 软件支座设计的默认处理：

（1）根据混凝土抗压强度确定支座底板尺寸和厚度，最小尺寸为 200mm×200mm，最小厚度为 16mm。

（2）根据底板与支座所连杆件不相碰的原则确定十字板最小高度（≥100mm）。

（3）按十字板与支座杆件不相碰的原则确定十字板与球的接触长度和角度，即软件支座设计图中的角度 a。

（4）验算十字板项部水平截面（最小截面）的抗拉、抗压和抗剪承载力。

（5）根据支座的水平力和竖向力确定焊脚尺寸 h_{f1}，按焊缝的水平投影长度计算（偏安全），焊缝 h_{f1} 承担竖向力、水平力和弯矩（＝水平力×球半径）。

（6）计算焊脚尺寸 h_{f2}，共 4 条焊缝，承担竖向力、水平力和水平力引起的弯矩。

（7）计算底板焊缝尺寸 h_{f3}，承担竖向力、水平力和水平力引起的弯矩。

（8）验算锚栓拉应力，如果是受拉支座或存在支座水平力，程序验算锚栓的受拉承载力。

1. 支座节点参数选择

（1）螺栓钢号

1）螺栓性能等级核心参数对比汇总如表 7-1 所示。

螺栓性能等级核心参数对比汇总表　　　　　　　　　　　　　　　表 7-1

性能等级	抗拉强度（MPa）	屈服强度（MPa）	材质要求	适用场景
4.6 级	400	240	低碳钢（如 Q235）	低应力静载、非关键节点、临时结构
5.6 级	500	300	中碳钢（如 35♯钢）	中等静载、无动力荷载的普通节点
8.8 级	800	640	中碳钢（如 35♯钢）	高应力动载、抗震节点、大跨结构、腐蚀/低温环境

2）选型依据与场景匹配

① 荷载特性

A 静载为主

轴力、剪力较小（如小型网架、围护结构）：

4.6 级（Q235）：成本低，易加工，适用于非关键连接。

5.6 级（35♯钢）：承载力略高，适合中等跨度（20～30m）网架的非抗震节点。

示例：小型展厅网架支座，轴力≤100kN，可选 4.6 级螺栓。

B 动载/抗震设计

承受风振、地震作用或疲劳荷载（如体育场馆、高铁站房）：

8.8 级（35♯钢）：高抗拉强度与屈服比，满足反复荷载下的延性需求。

示例：跨度 50m 的体育馆网架，抗震设防烈度 8 度，支座螺栓必选 8.8 级。

② 环境条件

A 常规环境

室内干燥环境：4.6 级或 5.6 级普通碳钢螺栓（表面镀锌防锈）。

高湿/腐蚀环境（沿海、化工厂），必须选用 8.8 级（35♯钢）＋热浸镀锌。

B 低温环境（≤−20℃）

禁用 4.6 级（低碳钢脆性大），优先选 8.8 级低温韧性钢。

注意：若支座需承受较大水平力或地震作用，普通螺栓可能不满足要求。由于软件默认只有普通螺栓，此时可考虑增设抗剪键、焊接补强等措施。

（2）支座高度预设

通过预设支座高度，可以简化建模过程，减少后续修改和调整的复杂性。例如，在建模过程中，确保空间结构与下部结构相分离，并保持一定的距离。这样的布置不仅有助于明确支座的具体位置，还能简化支座的设置和修改过程。

本项目网架支座节点参数选择如图 7-34 所示。

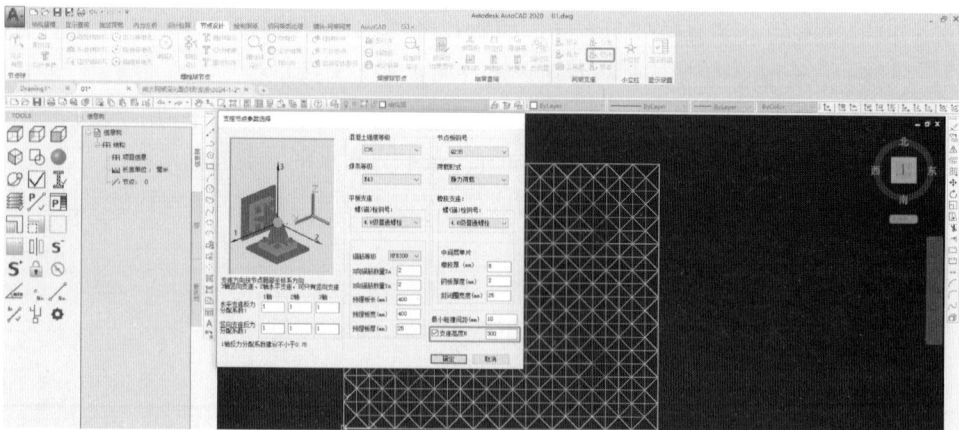

图 7-34　定义网架支座节点参数选择示意图

2. 支座节点设计

接图 7-34，发现支座节点设计失败，见图 7-35。此时需修改节点尺寸，如图 7-36 所示，直到设计结果和碰撞检查两者都通过为止。

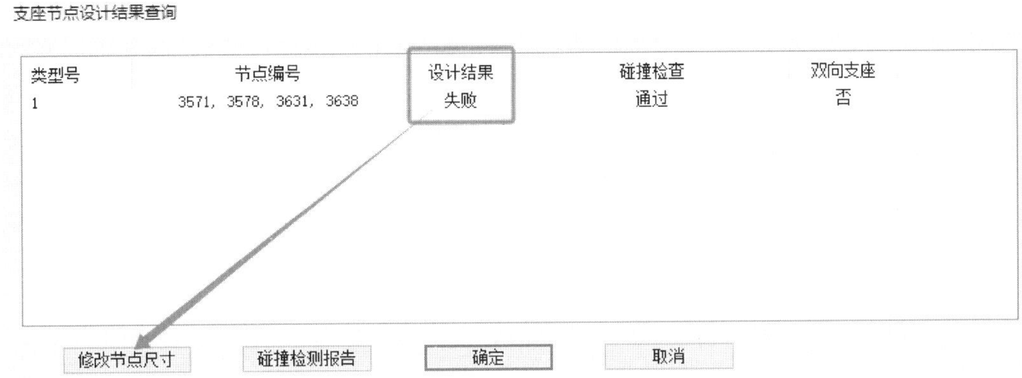

支座节点设计结果查询

类型号	节点编号	设计结果	碰撞检查	双向支座
1	3571, 3578, 3631, 3638	失败	通过	否

[修改节点尺寸]　[碰撞检测报告]　[确定]　[取消]

图 7-35　支座节点设计失败示意图

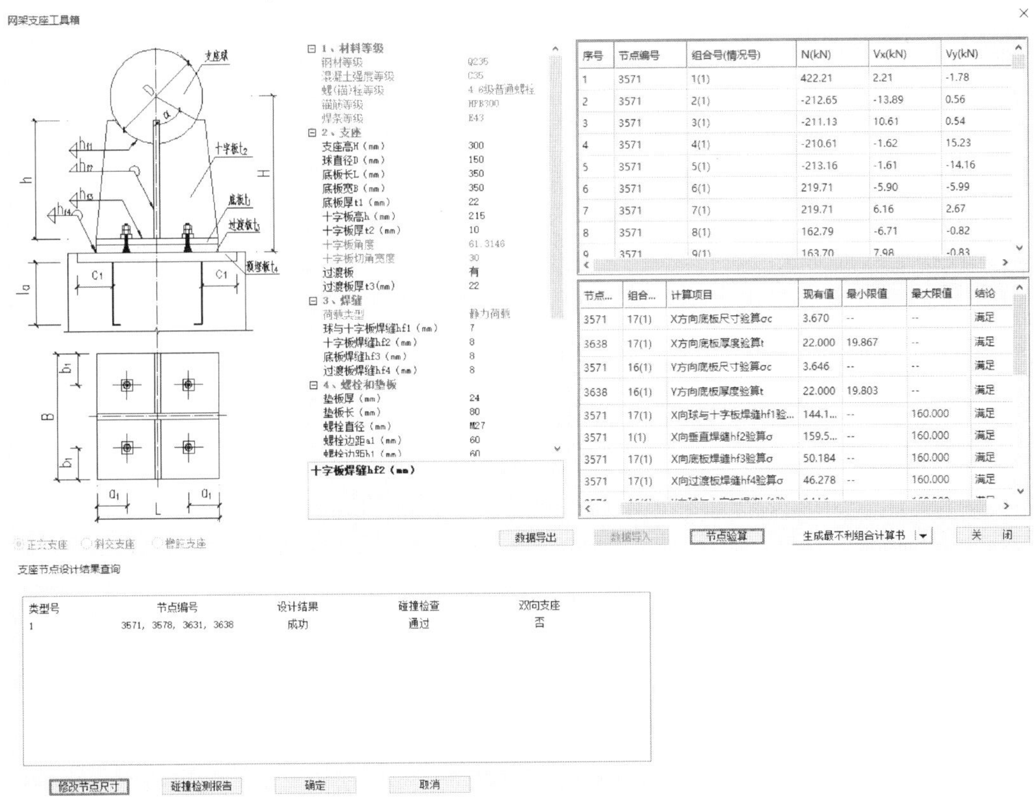

网架支座工具箱

□ 1、材料等级
　钢材等级　　　　　　　　　Q235
　混凝土强度等级　　　　　　C35
　螺(锚)栓等级　　　　　　　4.6级普通螺栓
　箍筋等级　　　　　　　　　HPB300
　焊条等级　　　　　　　　　E43
□ 2、支座
　支座高H (mm)　　　　　　　300
　球直径D (mm)　　　　　　　150
　底板长L (mm)　　　　　　　350
　底板宽B (mm)　　　　　　　350
　底板厚t1 (mm)　　　　　　　22
　十字板高h (mm)　　　　　　215
　十字板厚t2 (mm)　　　　　　10
　十字板宽度　　　　　　　　61.3146
　十字板倒角宽度　　　　　　30
　过渡板　　　　　　　　　　有
　过渡板厚t3(mm)　　　　　　22
□ 3、焊缝
　荷载类型　　　　　　　　　静力荷载
　球与十字板焊缝hf1 (mm)　　 7
　十字板焊缝hf2 (mm)　　　　 8
　底板焊缝hf3 (mm)　　　　　 8
　过渡板焊缝hf4 (mm)　　　　 8
□ 4、螺栓和垫板
　垫板厚 (mm)　　　　　　　　24
　垫板长 (mm)　　　　　　　　80
　螺栓直径 (mm)　　　　　　　M27
　螺栓边距a1 (mm)　　　　　　60
　螺栓间距b1 (mm)　　　　　　60

十字板焊缝hf2 (mm)

○正六支座　○斜交支座　○槽钢支座

序号	节点编号	组合号(情况号)	N(kN)	Vx(kN)	Vy(kN)
1	3571	1(1)	422.21	2.21	-1.78
2	3571	2(1)	-212.65	-13.89	0.56
3	3571	3(1)	-211.13	10.61	0.54
4	3571	4(1)	-210.61	-1.62	15.23
5	3571	5(1)	-213.16	-1.61	-14.16
6	3571	6(1)	219.71	-5.90	-5.99
7	3571	7(1)	219.71	6.15	2.67
8	3571	8(1)	162.79	-6.71	-0.82
9	3571	9(1)	163.70	7.98	-0.83

节点	组合	计算项目	现有值	最小限值	最大限值	结论
3571	17(1)	X方向底板尺寸验算σc	3.670	--	--	满足
3638	17(1)	X方向底板厚度验算t	22.000	19.867	--	满足
3571	16(1)	Y方向底板尺寸验算σc	3.646	--	--	满足
3638	16(1)	Y方向底板厚度验算t	22.000	19.803	--	满足
3571	17(1)	X向球与十字板焊缝hf1验	144.1..	--	160.000	满足
3571	1(1)	X向垂直焊缝hf2验算σ	159.5..	--	160.000	满足
3571	17(1)	X向底板焊缝hf3验算σ	50.184	--	160.000	满足
3571	17(1)	X向过渡板焊缝hf4验算σ	46.278	--	160.000	满足

[数据导出]　[数据导入]　[节点验算]　[生成最不利组合计算书 ▼]　[关 闭]

支座节点设计结果查询

类型号	节点编号	设计结果	碰撞检查	双向支座
1	3571, 3578, 3631, 3638	成功	通过	否

[修改节点尺寸]　[碰撞检测报告]　[确定]　[取消]

图 7-36　修改节点尺寸示意图

3. 支座节点计算书

接图 7-35，点击生成最不利组合计算书，则计算书中每一个验算项只写最不利组合下的验算结果，而点击生成所有组合下的计算书则会写每一项组合下的验算结果。计算书示意图如图 7-37 所示。相应具体内容请读者自行查阅。

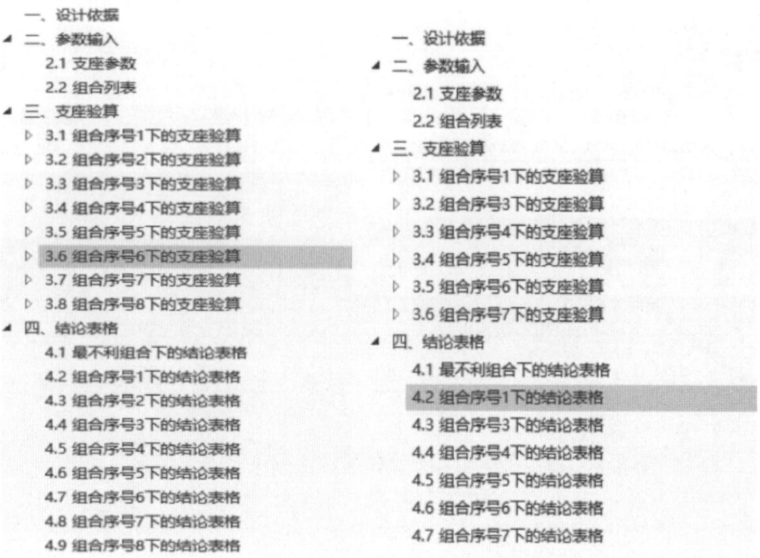

图 7-37　所有组合下计算书目录最不利组合下计算书目录

7.5.8　常见网架支座超限解决方法

1. 支座底板不满足

（1）增加底板厚度：重新计算底板在弯矩和剪力作用下的厚度需求。

（2）扩大底板面积：增大底板平面尺寸以降低基底压应力。

2. 焊缝不满足

（1）增加焊脚高度。

（2）增加与超限焊缝相关联构件的尺寸。

3. 杆件与支座碰撞不满足

（1）优化节点位置：调整支座位置或相邻杆件的安装角度，增大杆件与支座的间距。

（2）增大螺栓球直径：更换更大规格的螺栓球，为杆件端部预留足够的操作空间。

8 绘制施工图

在支座节点设计满足后即可进入"绘制图纸"模块。点击图纸绘制按钮，可以根据设定的支座尺寸绘制支座设计施工图，可以由读者自行设定图纸大小、比例、字高、图签位置、图签高度、图签宽度和图纸是否加长。施工图包括制作示意图、支座底板、支座过渡板、双面肋板、单面肋板、螺栓与过渡板焊接、螺栓垫板、材料清单、橡胶垫（橡胶锚栓支座）、锚栓详图（橡胶锚栓支座）和技术要求说明。

8.1 三维实体显示和输出

8.1.1 三维实体显示

3D3S 通过三维实体显示（图 8-1），能够将设计意图以直观、真实的方式展现出来。相比传统的二维图纸，三维模型可以模拟真实的光影效果，使客户更直观地了解设计的外观和细节。这种直观性有助于提升客户对设计的认可度和满意度。如果没有进行支座设计，支座处的板件将不能显示；通过取消附加信息显示来恢复有限元模型图。

说明：这里的三维实体是由面绘制的，不是真实的实体，仅用于显示。

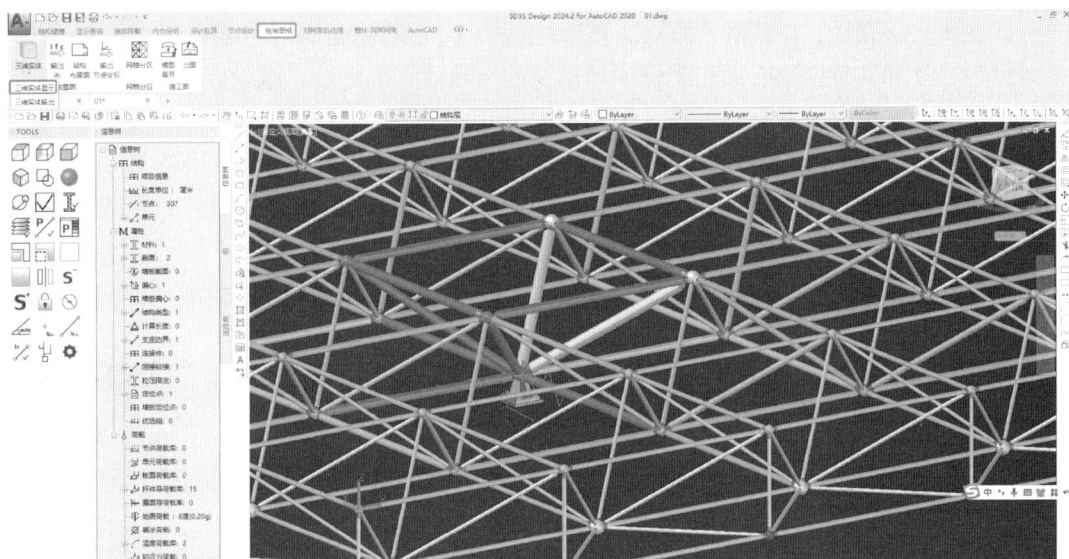

图 8-1 三维实体显示示意图

8.1.2 三维实体输出

用于输出真实的三维实体，包括螺栓、套筒及锥头等配件，输出的实体图可用 Auto-

CAD 打开，如图 8-2 所示。

图 8-2　三维实体输出示意图

8.2　输 出 IFC

3D3S 输出 IFC 的作用主要体现在以下方面：

数据交换与兼容性：IFC（Industry Foundation Classes）是 BIM 数据交换的国际标准格式，旨在实现不同 BIM 软件之间的数据互操作性。在复杂项目中，不同团队可能需要使用不同的软件进行设计工作。通过 3D3S 导出 IFC 文件，可以确保设计数据在不同软件之间的顺畅交换和兼容，便于团队合作和项目协作。

标准化和一致性：IFC 格式的标准化特性使得不同来源的 BIM 数据能够在统一的框架下进行交互和共享。这有助于确保项目信息的一致性和准确性，减少因数据格式不兼容导致的问题。这极大地提高了工作效率，减少重复工作，并促进设计过程的优化。

"绘制图纸"→"输出 IFC"，本命令用来将网架前处理模型转 IFC。输出的 IFC 文件需要用 Revit2016 及以上版本打开。采用 Revit 中打开→打开 IFC 文件菜单，打开模型，如图 8-3 所示。切换到三维视图，并将视图的相位属性修改为"阶段 3"。

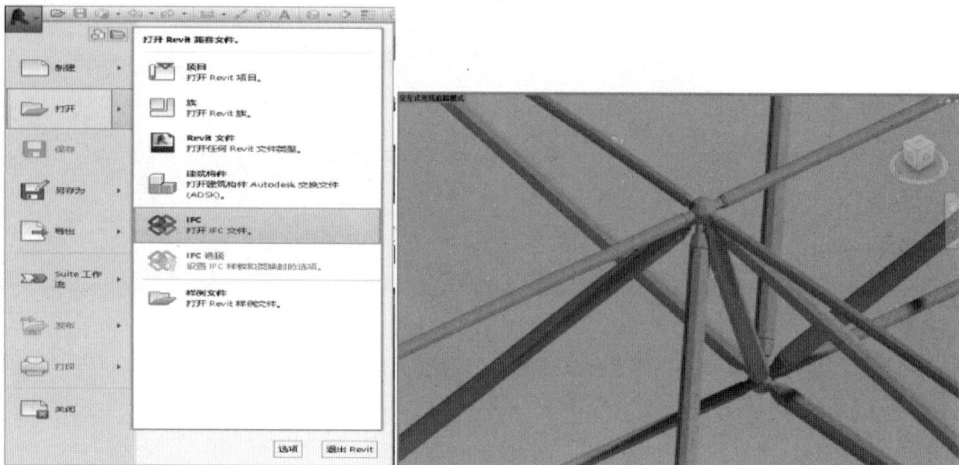

图 8-3　Revit 软件打开 IFC 文件三维示意图

因为 Revit 对 IFC 格式不完全支持，视图显示不完整。解决方法是将模型导出为 IFC 文件，再次用 Revit 打开，即可显示完整。

8.3　结构布置图

该命令同空间任意结构，可直接由计算模型生成需要的杆件截面编号图及各种视图下的图纸，包括平面布置图、前视图、俯视图、轴测图等。本项目绘制结构布置图详见图 8-4。本施工图不是所有的图都有用，读者可以根据设计院或者习惯选择需要的图纸并适当修改，比如有些复杂项目需添加轴线及编号等。

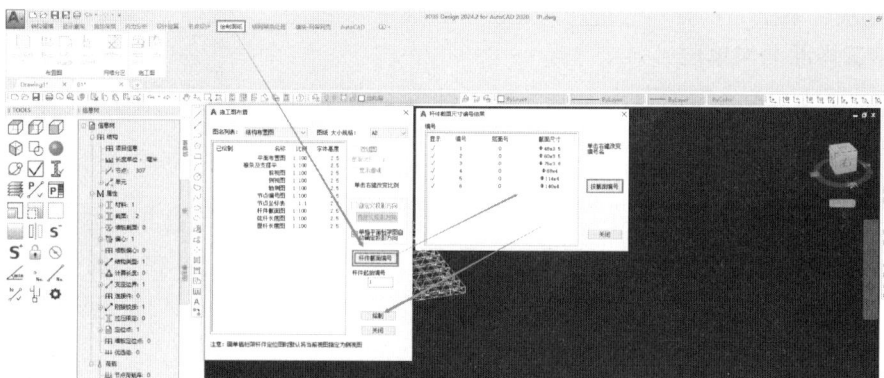

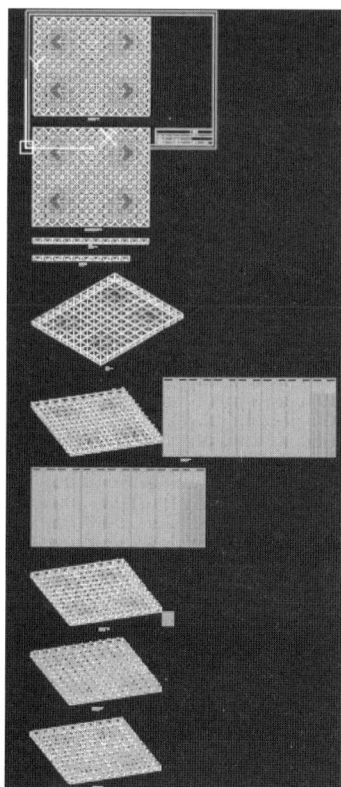

图 8-4　软件自动绘制的结构布置图

103

8.4 输出节点坐标

此命令保存为后缀名.npos文件。其本质是节点空间位置的数据载体，贯穿钢结构设计、加工、分析及协作的全生命周期。如果设计需与钢结构厂家合作，可以存此格式交流。

1. 钢结构深化设计单位

用途：在 Tekla Structures 或 ProSteel 等软件中，通过.npos文件快速复用节点坐标，并利用节点坐标生成标准化的参数化节点库，提高结构的建模效率，同时对复杂节点（如端板连接、梁柱节点等）进行几何定位和参数化调整。

2. 施工详图制作单位

用途：基于.npos中的节点三维坐标，自动生成钢构件加工图、安装布置图及材料表，并确保模型变更后图纸的实时更新。

3. 结构分析与检测机构

用途：将.npos文件中的坐标数据导入有限元分析工具（如 ANSYS），风荷载模拟或疲劳强度校核时，需匹配节点坐标与荷载分布关系，确保分析结果的准确性。

8.5 网格分区

本命令用于对大型网格结构进行分区出图。通过选择网架单元和节点进行分区，未分区的单元和节点自动设为 Default 分区。

8.6 模型展开

对于空间曲面形体，用一个方向的投影表示构件布置图，会由于构件的重叠而无法辨认。

流程如下：

模型在创建的同时，程序会同时生成一个展开模型（此模型仅支持模型中空间位置的改变，不支持杆件数量的改变），读者可以使用"模型展开""返回计算模型"自由切换两种模型。

展开模型中仅显示节点和杆单元，虚杆、连接单元、板单元等在展开模型中自动隐藏，返回计算模型后这些单元会自动重新显示。在展开模型中展开理想的图形后，可以在后续"出图"时"是否展开"列选择是否将模型展开出图，选择"是"则按照展开模型中的图形形状出图；选择"否"则按计算模型中图形形状出图，具体如图 8-5 所示。

具体功能如下：

点击"模型展开"图标，模型切换至展开模式，同时菜单切换至展开模型菜单，如图 8-6 所示。

读者除了可以采用 CAD 原有功能复制移动地进行自定义展开操作，还提供"移动到线""移动到面""移动到圆"等较为便捷的功能。

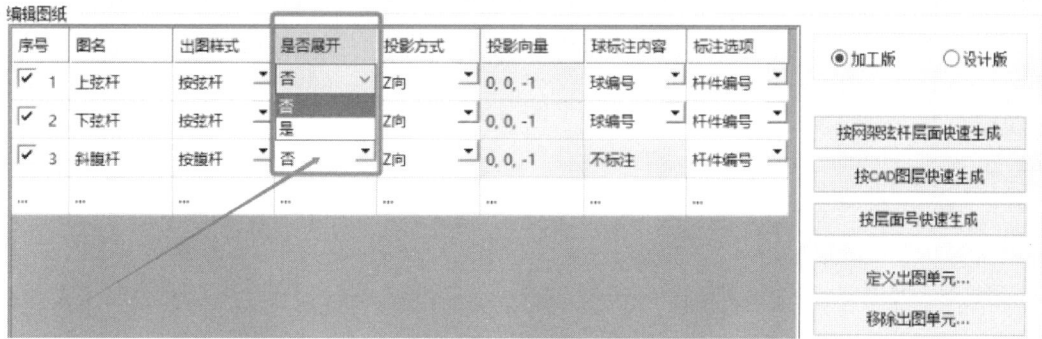

图 8-5 杆件出图示意图

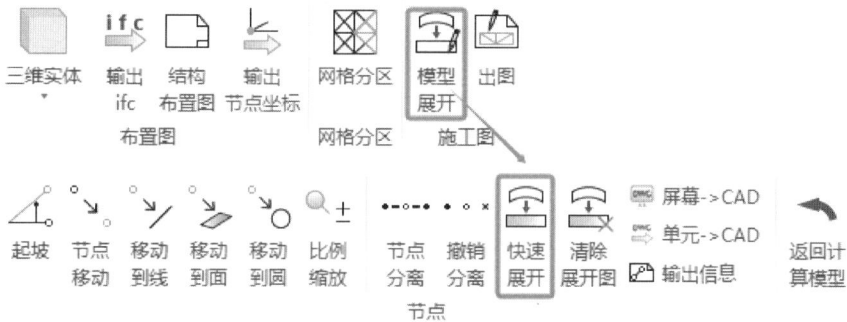

图 8-6 模型展开示意图

对于柱面网壳、球面网壳比较规则的空间，软件同时提供"快速展开"的功能。软件还提供"清除展开图"功能，一键恢复至原模型。

8.7 出图

软件将结果布置图、杆件图、支座图、螺栓球图、材料表均集成在此处，可一键生成，如图 8-7、图 8-8 所示。

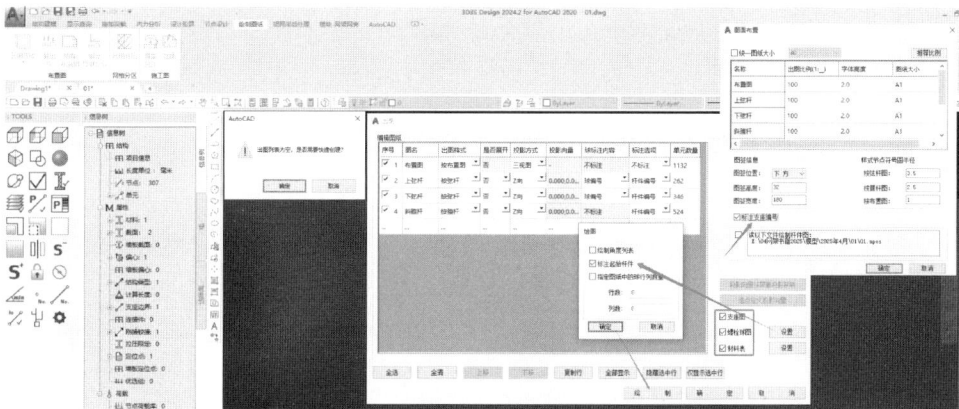

图 8-7 绘制施工图

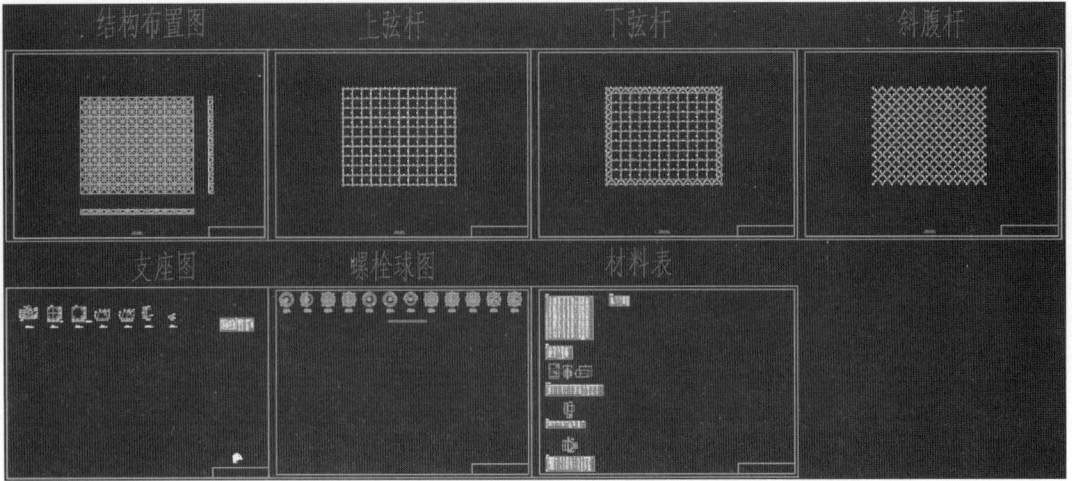

图 8-8　软件自动生成的施工图

9 钢结构防火、防锈及防腐蚀

网架的杆件和节点主要采用钢材，钢材具有自重轻、强度高的特点。钢材是一种不会燃烧的建筑材料，但它的力学性能，如屈服点、抗拉强度和弹性模量等会受到温度影响而产生变化，通常在 450～650℃时失去承载能力，使网架的杆件发生屈曲，造成大跨度屋面或楼面倒塌，或者产生过大的变形而不能继续工作。因此，对于建造在有防火要求的建筑中的网架，必须采取防火措施，以达到防火要求。

钢材的最大缺点是易于锈蚀。锈蚀使杆件截面减小，大大降低了网架的安全可靠性和使用年限，因此必须采取防腐措施。

钢材的锈蚀主要是由于构件表面未加保护或保护不当而受到周围氧、氯和硫化物等的侵蚀作用引起的。锈蚀速度与房屋所处的周围环境、空气温度、湿度等有关。国内外试验资料表明，表面无防护的钢材在大气中的锈蚀速度每年是不同的，第一年锈蚀速度约为第五年的 2 倍。室外钢材的锈蚀速度约为室内锈蚀速度的 4 倍。网架与网壳主要是建造在室内的，在防腐要求方面相比在室外的钢结构要降低一些。

处于干燥环境的钢材，几乎不会锈蚀。1975 年研究人员曾在第二汽车厂进行过这方面的试验。一份钢管内不刷涂料，钢管两端封闭，两年后打开，基本上无锈蚀。另一份钢管内放水且两端封闭，第一年锈蚀 0.000915mm，第二年锈蚀 0.000893mm。说明对于闭口截面如两端封闭，可大大提高钢材防锈能力。

网架应采取防腐措施，防止钢材锈蚀，设计中不宜因考虑锈蚀而采取加大网架杆件截面和厚度的办法。

钢结构最大的缺点是易于锈蚀和耐火能力差。钢材的腐蚀是自发的、不可避免的过程，但却是可以控制的；在发生火灾时钢结构在高温作用下会很快失效倒塌，耐火极限通常仅 15min，所以钢结构工程必须进行防护设计。

钢结构的防护是结构设计、施工、使用中必须重视的问题，它关系钢结构的耐久性、维护费用、使用性能等多方面的内容。

9.1 一般规定

很多设计师对于焊接、表面处理、防锈、防火和防腐涂料的正确的先后顺序不是很清晰，甚至有时候前后颠倒从而导致杆件很快锈蚀和腐蚀，严重的还要更换以及后期处理，既不经济又严重影响业主方的后期使用。

(1)《钢结构设计标准》GB 50017—2017（以下简称《钢标》）18.2.5 条：钢材表面原始锈蚀等级和钢材除锈等级标准应符合现行国家标准《涂覆涂料前钢材表面处理　表面清洁度的目视评定》GB/T 8923 的规定。

1　表面原始锈蚀等级为 D 级的钢材不应用作结构钢；

2　喷砂或抛丸用的磨料等表面处理材料应符合防腐蚀产品对表面清洁度和粗糙度的

要求，并符合环保要求。

（2）《钢结构工程施工质量验收标准》GB 50205—2020（以下简称《钢结构验收标准》）13.2.1条条文说明：钢结构除锈应采用喷射除锈作为首选的除锈方法，而手工和动力工具除锈仅作为喷射除锈的补充手段。

《钢结构验收标准》13.1.4条：采用涂料防腐时，表面除锈处理后宜在4h内进行涂装，采用金属热喷涂防腐时，钢结构表面处理与热喷涂施工的间隔时间，晴天或湿度不大的气候条件下不应超过12h，雨天、潮湿、有盐雾的气候条件下不应超过2h。

本条隐含规定喷涂为钢结构表面处理之后，而钢结构表面处理又位于焊接完成之后。为了增加读者的理解，可参考之前废止规范的说法：《钢结构工程施工质量验收规范》GB 50205—2001中14.2.3条：实验证明，在涂装后的钢材表面施焊，焊缝的根部会出现密集气孔，影响焊缝质量。误涂后，用火焰吹烧或用焊条引弧吹烧都不能彻底清除油漆，焊缝根部仍然会有气孔产生。

这充分说明，焊接必须要在涂装之前完成，绝对不能颠倒。下面是焊接、表面处理、防锈、防火和防腐涂料的正确先后顺序：

（1）焊接后续处理

1）清理焊渣与飞溅：使用机械工具或打磨清除焊接残留物。

2）焊缝质量检查：通过目视、无损检测（如超声波、磁粉探伤）确认焊缝无裂纹、气孔等缺陷。

3）焊缝修补与打磨：对不合格焊缝进行补焊，并打磨至表面平整，消除应力集中点。

（2）表面处理（防锈前准备）

1）喷砂/机械除锈：对杆件及螺栓球进行喷砂（Sa2.5级）或手工除锈（St3级），清除氧化皮、锈蚀及污染物。

2）表面清洁：用压缩空气或溶剂清除表面灰尘、油污，确保基底清洁干燥。

（3）防锈处理（底层防护）

1）涂装防锈底漆

选用高附着力的防锈底漆（如环氧富锌底漆、无机硅酸锌底漆），均匀喷涂或刷涂，形成致密防锈层，隔绝金属与腐蚀介质接触。

2）底漆固化与检查

确保底漆完全干燥固化，检查涂层覆盖完整性、无漏涂或厚度不足区域。

（4）防锈和防腐涂料施工（多层防护体系）

1）中间漆涂装（防锈增强）

涂覆环氧云铁中间漆或环氧厚浆漆，增加涂层厚度（填补底漆微观孔隙），提升屏蔽性能和抗渗透性。

2）膨胀型防火涂料涂装（防火）

防火涂料与底漆、面漆需化学兼容，避免层间剥离并采用分层涂刷的方式。

3）面漆涂装（防腐与耐候）

施涂聚氨酯面漆、氟碳面漆或丙烯酸聚硅氧烷面漆，提供耐紫外线、耐化学腐蚀及耐候性保护，同时满足外观要求。

4）层间处理

每层涂料干燥后需检查表面状态，必要时进行轻度打磨并清洁，确保涂层间结合力。

总结：焊接后续处理→表面处理→防锈底漆→中间漆（防锈增强）→膨胀型防火涂料→面漆（防腐＋耐候）。

随着科技的发展，有些复合涂料既具有防火也具有防锈防腐功能，这需要和厂家进行确认。

9.2 钢结构的防火设计概述

目前，钢结构已在建筑工程中发挥着日益重要的作用。钢结构以其自身的优越性能，在工程中得到合理、广泛的应用。可以预想，在可预见的将来，钢结构在建筑工程中的应用将会越来越广泛。

钢结构火灾具有如下特点：

第一、钢结构坍塌快、难扑救。

钢结构建筑物发生火灾，裸露的钢构件在烈火围困之中，一般只需 10min 便失去支撑能力，随即变形倒塌，若是火场离消防队稍远或是报警不及时，消防人员到达现场时，钢架已经烧毁或很快坍塌了，有时只能扑救余火；由于钢结构坍塌快，给抢救带来困难，阻碍灭火人员接近建筑物，如天津体育馆大火，钢屋盖坍塌时消防水带都来不及撤出。

第二、火灾影响大，损失重。

采用钢结构的建筑物多是工业厂房、仓库、体育馆及高层建筑物等。如天津体育馆火灾，仅直接经济损失 160 多万元。导致原定次日举行的全国体操比赛无法进行，社会影响也很大。

第三、建筑物易毁坏，难修复。

由于建筑物是以钢构件作为梁、柱、屋架，在火灾中往往因钢结构构件变形而失去支撑能力，从而导致建筑物部分或全部坍塌，钢结构变成"麻花状"或"面条式"的废弃物。变形后的钢结构是无法修复使用的。

钢材的力学性能随温度的不同而变化，当温度升高时，钢材的屈服强度、抗拉强度和弹性模量总趋势是下降的，但是在 150℃ 以下时变化不大，当温度在 250℃ 左右时，钢材的屈服强度、抗拉强度反而有较大的提高，但是这时的相应伸长率较低，冲击韧性变差，钢材在此温度范围内破坏时常呈现脆性破坏特征，称为"蓝脆"。当温度超过 300℃ 时，钢材的屈服强度、抗拉强度和弹性模量开始显著下降，而伸长率开始显著增大，钢材产生徐变；当温度超过 400℃ 时，强度和弹性模型量都急剧降低；到 500℃ 左右时，其强度下降 40%～50%，钢材的力学性能，诸如屈服点、抗压强度、弹性模量等都迅速下降。所以在发生火灾时，钢材在 15～20min 后即急剧软化，这时整个建筑物会失去稳定而导致崩塌。实际上，由于各种因素的作用，有些钢结构在烈火中一般只有 10min 的支撑能力，随即变形倒塌。

钢结构的抗火性能较差，其原因主要有两个方面：一是钢材热传导系数很大，火灾下钢构件升温快；二是钢材强度随温度升高而迅速降低，致使钢结构不能承受外部荷载作用而失效破坏。正因为如此，对钢结构采取有效的保护，使其避免受高温火焰的直接灼烧，从而延缓其坍塌时间，为消防救援争取宝贵的时间就显得十分重要。

钢结构的防火保护主要有两种，一种是被动防火法，包括钢结构防火涂料保护、防火板保护、混凝土防火保护、结构内通水冷却、柔性卷材防火保护等，它们为钢结构提供了足够的耐火时间，从而受到工程人员的普遍欢迎，而前三种方法应用较多。另一种是主动防火法，即提高钢材自身的防火性能（如耐火钢）或设置结构喷淋。

选择钢结构的防火措施时，应考虑下列因素：

（1）钢结构所处部位，需防护的构件性质（如屋架、网架或梁、柱）；

（2）钢结构采取防护措施后结构增加的重量及占用的空间；

（3）防护材料的可靠性；

（4）施工难易程度和经济性。

无论是用混凝土还是用防火板保护钢结构，达到规定的防火要求需要相当厚的保护层，这必然增加构件重量和占用较多的室内空间，所以采用这两种方法也不合适。通常情况下，采用钢结构防火涂料较为合理。钢结构防火涂料施工简便，无须复杂的工具即可施工，重量轻、造价低，而且不受构件的几何形状和部位限制。

9.3 钢结构的防火涂料

9.3.1 防火涂料分类

1. 定义

施涂于建（构）筑物钢结构表面，能形成耐火隔热保护层以提高钢结构耐火极限的涂料。

2. 分类

（1）按火灾防护对象，《钢结构防火涂料》GB 14907—2018（以下简称《钢涂料》）4.1.1条：

a）普通钢结构防火涂料：普通工业与民用建（构）筑物钢结构表面；

b）特种钢结构防火涂料：特殊建（构）筑物（如石油化工设施、变配电站等）钢结构表面。

（2）按使用场所，《钢涂料》4.1.2条：

a）室内型钢结构防火涂料：建筑物室内或隐蔽工程的钢结构表面；

b）室外型钢结构防火涂料：建筑物室外或露天工程的钢结构表面。

（3）按分散介质，《钢涂料》4.1.3条：

a）水基型防火涂料：以水作为分散介质的钢结构防火涂料；

b）溶剂型防火涂料：以有机溶剂作为分散介质的钢结构防火涂料。

（4）按防火机理，《钢涂料》4.1.4条：

a）膨胀型防火涂料：涂层在高温时膨胀发泡，形成耐火隔热保护层；按分散介质可分为溶剂性和水基性。

b）非膨胀型防火涂料：涂层在高温时不膨胀发泡，其自身成为耐火隔热保护层；按基料类型可分为水泥基和石膏基。

（5）按涂层厚度，《钢涂料》5.1.5条：

膨胀型钢结构防火涂料的涂层厚度不应小于 1.5mm。按照市场常见的不同涂层厚度可分为超薄型、薄型、厚型三类防火涂料，其中超薄型与薄型属于膨胀型，厚型属于不膨胀型。

超薄型：1.5mm≤厚度≤3mm

薄型：3mm＜厚度≤7mm

厚型：15mm≤厚度≤45mm

9.3.2　钢结构涂料防火机理

膨胀型防火涂料：在大火中，涂料遇热后树脂胶粘剂溶化并快速发泡膨胀，形成具有耐火隔热和隔绝空气作用的碳化层。在这个过程中，活性颜料产生气体可使膨胀层膨胀到原始厚度的 50 倍以上，以达到耐火隔热的效果。膨胀层减缓从火焰中产生的热传递至钢材表面，从而延长钢铁承载重物的时间（升温时间）。最高耐火时限 2h。如图 9-1 所示。

非膨胀型防火涂料：依靠材料本身的低导热性、高隔热性和不燃性，阻隔热量传递、延缓钢材升温，从而保护钢构件的强度不丧失。最高耐火时限 4h 以上。如图 9-2 所示。

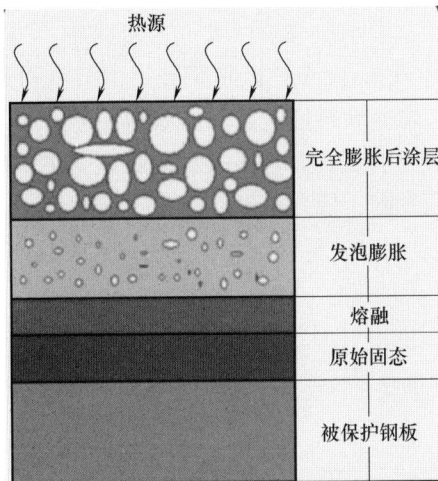

图 9-1　膨胀型防火涂料工作原理示意图

图 9-2　非膨胀型防火涂料工作原理示意图

防火性能的理解：

任何被保护的物体都有承受大火燃烧的极限值，无论何种结构的建筑长时间遭受火灾，最终都会倒塌。

防火涂料的作用是在被保护物体表面隔离热量，延缓建筑的破坏倒塌，为人员疏散和灭火、营救争取宝贵的时间。

防火涂料也有其耐火极限，超过耐火极限以后，涂料会失去隔热效果，被保护的物体温度会迅速升温。

9.3.3　钢结构涂料的选用

《建筑钢结构防火技术规范》GB 51249—2017（以下简称《钢防火规范》）4.1.3 条：

1）室内隐蔽构件，宜选用非膨胀型防火涂料。

2）设计耐火极限大于 1.5h 的构件，不宜选用膨胀型防火涂料。

3）室内、室外钢结构采用膨胀型防火涂料时，应选用符合环境对其性能要求的产品。

4）非膨胀型防火涂料涂层的厚度不应小于 10mm。

5）防火涂料与防腐涂料应相融、匹配。

9.3.4 高温下防火构涂料的特性

具有防火保护的钢构件在高温下的极限变形是 $L/20$，称为耐火承载力极限状态（详见《钢涂料》）。这个变形值远超过钢构件在正常使用状态下的变形限值，比如挠度的 $1/400$、$1/250$ 和侧移的 $1/500$、$1/800$ 等。因此，防火涂料的性能评价中，除了前面的发挥防火隔热作用的"耐火性能"外，最重要的是在高温大变形发展过程中，需要防火涂料依然能够完整地、完好地附着在钢材表面而小脱落的"粘接性能"，与大变形协调而小开裂的"变形性能"，二者统称为防火涂料的"工作性能"。没有良好的工作性能，防火涂料的耐火性能就无法发挥作用。因此，防火设计时，需要对防火涂料的"耐火性能"和"工作性能"分别提出设计要求。《钢防火规范》 **3.1.4** 条规定要注明"防火材料的性能指标"，是指涂料的"干密度、粘接强度和抗压强度"。

防火涂料和普通建筑材料的区别：防火涂料在钢构件发生 $L/20$ 大变形过程中，"涂料不脱落的高粘接性"和"涂料不开裂的高形变性"，是防火涂料区别于普通建筑材料最大的不同点，也是防火涂料最重要的特性，更是反映防火涂料性能品质高低的关键点。

在涂料耐火性能一致的情况下，明确厚型涂料的类别是石膏基还是水泥基，反映了对涂料综合性能的要求，等同于同等强度钢材是选用碳素钢、低合金钢还是高建钢的情况。

9.3.5 钢结构防火涂料的耐火性能分级

《钢涂料》：

4.2.1 钢结构防火涂料的耐火极限分为：0.50h、1.00h、1.50h、2.00h、2.50h 和 3.00h。

4.2.2 钢结构防火涂料耐火性能分级代号见表 1。

表 1 耐火性能分级代号

耐火极限(F_r) h	耐火性能分级代号	
	普通钢结构防火涂料	特种钢结构防火涂料
$0.50 \leqslant F_r < 1.00$	$F_p 0.50$	$F_t 0.50$
$1.00 \leqslant F_r < 1.50$	$F_p 1.00$	$F_t 1.00$
$1.50 \leqslant F_r < 2.00$	$F_p 1.50$	$F_t 1.50$
$2.00 \leqslant F_r < 2.50$	$F_p 2.00$	$F_t 2.00$
$2.50 \leqslant F_r < 3.00$	$F_p 2.50$	$F_t 2.50$
$F_r \geqslant 3.00$	$F_p 3.00$	$F_t 3.00$

注：F_p 采用建筑纤维类火灾升温试验条件；F_t 采用烃类(HC)火灾升温试验条件

5.2.3 钢结构防火涂料的耐火性能应符合表 4 的规定。

表4 钢结构防火涂料的耐火性能

产品分类	耐火性能										缺陷类别
	膨胀型				非膨胀型						
普通钢结构防火涂料	$F_p0.50$	$F_p1.00$	$F_p1.50$	$F_p2.00$	$F_p0.50$	$F_p1.00$	$F_p1.50$	$F_p2.00$	$F_p2.50$	$F_p3.00$	A
特种钢结构防火涂料	$F_t0.50$	$F_t1.00$	$F_t1.50$	$F_t2.00$	$F_t0.50$	$F_t1.00$	$F_t1.50$	$F_t2.00$	$F_t2.50$	$F_t3.00$	

注：耐火性能试验结果适用于同种类型且截面系数更小的基材

解读： 从以上表格可以看出，膨胀型防火涂料的最高耐火性能是 $F2.00$，对应耐火时间区间是 $2.0h \leqslant F2.00 < 2.5h$。也就是在国家标准中，膨胀型耐火性能没有 2.5h 的分级，即国家不对 2.5h 的膨胀型进行认定和评定，那么膨胀型也不被允许使用在 2.5h 及以上耐火极限构件上，最高只能用于 2.0h 构件。

9.4　钢结构的防火设计

9.4.1　常用钢结构防火术语

《钢防火规范》：

2.1.1　耐火钢　ire-resistant steel

在 600℃ 温度时的屈服强度不小于其常温屈服强度 2/3 的钢材。

2.1.5　截面形状系数　section factor

钢构件的受火表面积与其相应的体积之比。

2.1.10　耐火承载力极限状态　fire limit state

结构或构件受火灾作用达到不能承受外部作用或不适于继续承载的变形的状态。

2.1.11　荷载比　load ratio

火灾下结构或构件的荷载效应设计值与其常温下的承载力设计值的比值。

2.1.12　临界温度　critical temperature

钢构件受火灾作用达到其耐火承载力极限状态时的温度。

9.4.2　火灾危险性分类

《建筑设计防火规范》GB 50016—2014（2018 年版）（以下简称《建筑防火规范》）：

3.1.1　生产的火灾危险性应根据生产中使用或产生的物质性质及其数量等因素划分，可分为甲、乙、丙、丁、戊类，并应符合表 3.1.1 的规定。

表3.1.1　生产的火灾危险性分类

生产的火灾危险性类别	使用或产生下列物质生产的火灾危险性特征
甲	1. 闪点小于 28℃ 的液体 2. 爆炸下限小于 10% 的气体 3. 常温下能自行分解或在空气中氧化能导致迅速自燃或爆炸的物质 4. 常温下受到水或空气中水蒸气的作用，能产生可燃气体并引起燃烧或爆炸的物质 5. 遇酸、受热、撞击、摩擦、催化以及遇有机物或硫雨等易燃的无机物，极易引起燃烧或爆炸的强氧化剂 6. 受撞击、摩擦或与氧化剂、有机物接触时能引起燃烧或爆炸的物质 7. 在密闭设备内操作温度不小于物质本身自燃点的生产

生产的火灾危险性类别	使用或产生下列物质生产的火灾危险性特征
乙	1. 闪点不小于28℃但小于60℃的液体 2. 爆炸下限不小于10%的气体 3. 不属于甲类的氧化剂 4. 不属于甲类的易燃固体 5. 助燃气体 6. 能与空气形成爆炸性混合物的浮游状态的粉尘、纤维、闪点不小于60℃的液体雾滴
丙	1. 闪点不小于60℃的液体 2. 可燃固体
丁	1. 对不燃烧物质进行加工,并在高温或熔化状态下经常产生强辐射热、火花或火焰的生产 2. 利用气体、液体、固体作为燃料或将气体、液体进行燃烧作其他用的各种生产 3. 常温下使用或加工难燃烧物质的生产
戊	常温下使用或加工不燃烧物质的生产

注:上表只适用于厂房,因为厂房一般都是用于生产的,而仓库类只适用于存储。

3.1.3 储存物品的火灾危险性应根据储存物品的性质和储存物品中的可燃物数量等因素划分,可分为甲、乙、丙、丁、戊类,并应符合表3.1.3的规定。

表3.1.3 储存物品的火灾危险性分类

储存物品的火灾危险性类别	储存物品的火灾危险性特征
甲	1. 闪点小于28℃的液体 2. 爆炸下限小于10%的气体,受到水或空气中水蒸气的作用能产生爆炸下限小于10%气体的固体物质 3. 常温下能自行分解或在空气中氧化能导致迅速自燃或爆炸的物质 4. 常温下受到水或空气中水蒸汽的作用,能产生可燃气体并引起燃烧或爆炸的物质 5. 遇酸、受热、撞击、摩擦以及遇有机物或硫磺等易燃的无机物,极易引起燃烧或爆炸的强氧化剂 6. 受撞击、摩擦或与氧化剂、有机物接触时能引起燃烧或爆炸的物质
乙	1. 闪点不小于28℃,但小于60℃的液体 2. 爆炸下限不小于10%的气体 3. 不属于甲类的氧化剂 4. 不属于甲类的易燃固体 5. 助燃气体 6. 常温下与空气接触能缓慢氧化,积热不散引起自燃的物品
丙	1. 闪点不小于60℃的液体 2. 可燃固体
丁	难燃烧物品
戊	不燃烧物品

注:仓库类一般都是用于存储物品的。

3.1.5 丁、戊类储存物品仓库的火灾危险性,当可燃包装重量大于物品本身重量的1/4或可燃包装体积大于物品本身体积的1/2时,应按丙类确定。

加油站属于储存和经营丙类液体(闪点≥60℃)的场所,根据《建筑防火规范》3.1.3条,其火灾危险性为丙类,需按工业建筑(厂房/仓库)的耐火等级要求确定。

9.4.3 网架建筑的耐火等级

《建筑防火规范》：

3.2.3 单、多层丙类厂房和多层丁、戊类厂房的耐火等级不应低于三级。

使用或产生丙类液体的厂房和有火花、赤热表面、明火的丁类厂房，其耐火等级均不应低于二级；当为建筑面积不大于500m²的单层丙类厂房或建筑面积不大于1000m²的单层丁类厂房时，可采用三级耐火等级的建筑。

根据《建筑防火规范》3.2.3条，本加油站属于储存和经营丙类液体且建筑面积大于500m²的单层丙类厂房，可采用二级耐火等级。

9.4.4 网架构件的耐火极限

1. 规范要求

《建筑防火规范》：

3.2.1 厂房和仓库的耐火等级可分为一、二、三、四级，相应建筑构件的燃烧性能和耐火极限，除本规范另有规定外，不应低于表3.2.1的规定。

表3.2.1 不同耐火等级厂房和仓库建筑构件的燃烧性能和耐火极限（h）

构件名称		耐火等级			
		一级	二级	三级	四级
墙	防火墙	不燃性 3.00	不燃性 3.00	不燃性 3.00	不燃性 3.00
	非承重外墙 房间隔墙	不燃性 0.75	不燃性 0.50	难燃性 0.50	难燃性 0.25
柱		不燃性 3.00	不燃性 2.50	不燃性 2.00	难燃性 0.50
梁		不燃性 2.00	不燃性 1.50	不燃性 1.00	难燃性 0.50
楼板		不燃性 1.50	不燃性 1.00	不燃性 0.75	难燃性 0.50
屋顶承重构件		不燃性 1.50	不燃性 1.00	难燃性 0.50	可燃性
疏散楼梯		不燃性 1.50	不燃性 1.00	不燃性 0.75	可燃性
吊顶（包括吊顶搁栅）		不燃性 0.25	难燃性 0.25	难燃性 0.15	可燃性

注意：相应建筑构件中的相应，也就是建筑构件的耐火等级同建筑的耐火等级。

3.2.10 一、二级耐火等级单层厂房（仓库）的柱，其耐火极限分别不应低于2.50h和2.00h。

3.2.11 采用自动喷水灭火系统全保护的一级耐火等级单、多层厂房（仓库）的屋顶承重构件，其耐火极限不应低于1.00h。

《钢防火规范》：

3.1.1 钢结构构件的设计耐火极限应根据建筑的耐火等级，按现行国家标准《建筑设计防火规范》GB 50016 的规定确定。柱间支撑的设计耐火极限应与柱相同，楼盖支撑的设计耐火极限应与梁相同，屋盖支撑和系杆的设计耐火极限应与屋顶承重构件相同。

以下为汇总表1：

表1 构件的设计耐火极限（h）

构件类型	建筑耐火等级					
	一级	二级	三级		四级	
柱、柱间支撑	3.00	2.50	2.00		0.50	
楼面梁、楼面桁架、楼盖支撑	2.00	1.50	1.00		0.50	
楼板	1.50	1.00	厂房、仓库	民用建筑	厂房、仓库	民用建筑
			0.75	0.50	0.50	不要求
屋顶承重构件、屋盖支撑、系杆	1.50	1.00	厂房、仓库	民用建筑	不要求	
			0.50	不要求		
上人平屋面板	不要求				不要求	
疏散楼梯	1.50	1.00	厂房、仓库	民用建筑	不要求	
			0.75	0.50		

注：1 建筑物中的墙等其他建筑构件的设计耐火极限应符合现行国家标准《建筑设计防火规范》GB 50016 的规定；

2 一、二级耐火等级的单层厂房（仓库）的柱，其设计耐火极限可按表1规定降低0.50h；

3 一级耐火等级的单层、多层厂房（仓库）设置自动喷水灭火系统时，其屋顶承重构件的设计耐火极限可按表1规定降低0.50h；

4 吊车梁的设计耐火极限不应低于表1中梁的设计耐火极限。

解读：（1）第一类檩条，檩条仅对屋面板起支承作用。此类檩条破坏，仅影响局部屋面板，对屋盖结构整体受力性能影响很小，即使在火灾中出现破坏，也不会造成结构整体失效。因此，不应视为屋盖主要结构体系的组成部分。对于这类檩条，其耐火极限可不作要求。

（2）第二类檩条，檩条除支承屋面板外，还兼作纵向系杆，对主结构（如屋架）起侧向支撑作用；或者作为横向水平支撑开间的腹杆。此类檩条破坏可能导致主体结构失去整体稳定性，造成整体倾覆。因此，此类檩条应视为屋盖主要结构体系的一个组成部分，其设计耐火极限应按表1对"屋盖支撑、系杆"的要求取值。

3.1.2 钢结构构件的耐火极限经验算低于设计耐火极限时，应采取防火保护措施。

解读：通常，无防火保护钢构件的耐火时间为0.25～0.50h，达不到绝大部分建筑构件的设计耐火极限，需要进行防火保护。防火保护应根据工程实际选用合理的防火保护方法、材料和构造措施，做到安全适用、技术先进、经济合理。防火保护层的厚度应通过构件耐火验算确定，保证构件的耐火极限达到规定的设计耐火极限。

3.1.3 钢结构节点的防火保护应与被连接构件中防火保护要求最高者相同。

解读：基于"强节点、弱构件"的设计原则，规定节点的防火保护要求及其耐火性能均不应低于被连接构件中要求最高者。例如，采用防火涂料保护时，节点处防火涂层的厚度不应小于所连接构件防火涂层的最大厚度。

2. 网架构件的耐火极限要求

（1）网架的分类与构件判定

网架作为屋顶承重构件，需按《建筑防火规范》表3.2.1（厂房/仓库）或表5.1.2（民用建筑）确定耐火极限。

若网架用于加油站罩棚，通常属于工业建筑屋顶承重构件，其耐火极限要求为：

二级耐火等级：1.0h；

三级耐火等级：0.5h。

注意：网架杆件作为空间桁架的一部分，主要承受轴向力（拉力或压力），其功能更接近屋顶承重构件，而非传统意义的受弯梁。因此，耐火极限通常按屋面承重构件的要求确定，而不是按照梁确定，这对于防火计算的经济性有很大的影响。

（2）支撑构件的特殊要求

柱间支撑的耐火极限与柱相同（二级耐火等级为2.5h）；

屋盖支撑和系杆的耐火极限与屋顶承重构件相同（二级耐火等级为1.0h）。

3. 防火保护措施的选择

（1）防火涂料类型与厚度

薄涂型（膨胀型）：适用于耐火极限≤1.5h的构件（如二级耐火等级的网架），涂层厚度通常为1.5～2.5mm。

厚涂型（非膨胀型）：用于耐火极限≥2.0h的构件（如超高层建筑），但加油站一般无须采用。

（2）等效热阻验算

非膨胀型涂料需根据等效导热系数计算厚度；膨胀型涂料需通过热阻试验确定施工参数。

4. 特殊场景与注意事项

（1）大跨度网架的附加要求

加油站罩棚若为大跨度网架（跨度≥24m），需按《钢防火规范》进行耐火验算，并优先采用非膨胀型防火涂料，确保火灾下结构稳定性。

（2）防腐与防火涂料的兼容性

防腐底漆需与防火涂料兼容，膨胀型涂料外层不宜使用硬质面漆，避免影响膨胀性能。

5. 设计流程总结

本项目按丙类工业建筑归类。网架耐火等级为二级，耐火极限为1.0h。

构件分类与验算：网架作为屋顶承重构件，支撑构件需同步验算。

防火措施设计：选择涂料类型与厚度，处理节点与热阻验算。

9.4.5 钢结构的耐火极限状态

《钢防火规范》：

3.2.1 钢结构应按结构耐火承载力极限状态进行耐火验算与防火设计。

解读：钢结构耐火验算与防火设计的验算准则，是基于承载力极限状态。钢结构在火灾下的破坏，本质是随着火灾下钢结构温度的升高，钢材强度下降，其承载力随之下降，致使钢结构不能承受外部荷载、作用而失效破坏。因此，为保证钢结构在设计耐火极限时间内的承载安全，必须进行承载力极限状态验算。

当满足下列条件之一时，应视为钢结构整体达到耐火承载力极限状态：

（1）钢结构产生足够的塑性铰形成可变机构；

（2）钢结构整体丧失稳定。

当满足下列条件之一时，应视为钢结构构件达到耐火承载力极限状态：

（1）轴心受力构件截面屈服；

（2）受弯构件产生足够的塑性铰而成为可变机构；

（3）构件整体丧失稳定；

（4）构件达到不适于继续承载的变形。

解读： 火灾下允许钢结构发生较大的变形，不要求进行正常使用极限状态验算。随着温度的升高，钢材的弹性模量急剧下降，在火灾下构件的变形显著大于常温受力状态，按正常使用极限状态来设计钢构件的防火保护是过于严苛的。

3.2.2 钢结构耐火承载力极限状态的最不利荷载（作用）效应组合设计值，应考虑火灾时结构上可能同时出现的荷载（作用），且应按下列组合值中的最不利值确定：

$$S_m = \gamma_{0T}(\gamma_G S_{Gk} + S_{Tk} + \varphi_f S_{Qk}) \tag{3.2.2-1}$$

$$S_m = \gamma_{0T}(\gamma_G S_{Gk} + S_{Tk} + \varphi_q S_{Qk} + \varphi_w S_{Wk}) \tag{3.2.2-2}$$

式中：S_m——荷载（作用）效应组合的设计值；

S_{Gk}——按永久荷载标准值计算的荷载效应值；

S_{Tk}——按火灾下结构的温度标准值计算的作用效应值；

S_{Qk}——按楼面或屋面活荷载标准值计算的荷载效应值；

S_{Wk}——按风荷载标准值计算的荷载效应值；

γ_{0T}——结构重要性系数；对于耐火等级为一级的建筑，$\gamma_{0T}=1.1$；对于其他建筑，$\gamma_{0T}=1.0$；

γ_G——永久荷载的分项系数，一般可取 $\gamma_G=1.0$；当永久荷载有利时，取 $\gamma_G=0.9$；

φ_w——风荷载的频遇值系数，取 $\varphi_w=0.4$；

φ_f——楼面或屋面活荷载的频遇值系数，应按现行国家标准《建筑结构荷载规范》GB 50009 的规定取值；

φ_q——楼面或屋面活荷载的准永久值系数，应按现行国家标准《建筑结构荷载规范》GB 50009 的规定取值。

9.4.6 钢结构耐火验算采用整体结构耐火验算还是构件耐火验算？

《钢防火规范》：

3.2.3 钢结构的防火设计应根据结构的重要性、结构类型和荷载特征等选用基于整体结构耐火验算或基于构件耐火验算的防火设计方法，并应符合下列规定：

1 跨度不小于 60m 的大跨度钢结构，宜采用基于整体结构耐火验算的防火设计方法；

2 预应力钢结构和跨度不小于 120m 的大跨度建筑中的钢结构，应采用基于整体结构耐火验算的防火设计方法。

解读：本项目网架明显不符合上述要求，因此，采用基于构件耐火验算的防火设计方法。

9.4.7 钢结构的耐火验算

《钢防火规范》：

3.2.6 钢结构构件的耐火验算和防火设计，可采用耐火极限法、承载力法或临界温度法，且应符合下列规定：

1 耐火极限法

在设计荷载作用下，火灾下钢结构构件的实际耐火极限不应小于其设计耐火极限，并应按下式进行验算。

$$t_m \geq t_d \tag{3.2.6-1}$$

2 承载力法

在设计耐火极限时间内，火灾下钢结构构件的承载力设计值不应小于其最不利的荷载（作用）组合效应设计值，并应按下式进行验算。

$$R_d \geq S_m \tag{3.2.6-2}$$

3 临界温度法

在设计耐火极限时间内，火灾下钢结构构件的最高温度不应高于其临界温度，并应按下式进行验算。

$$T_d \geq T_m \tag{3.2.6-3}$$

式中：

t_m——火灾下钢结构构件的实际耐火极限；

t_d——钢结构构件的设计耐火极限，应按本规范第 3.1.1 条的规定确定；

S_m——荷载（作用）效应组合的设计值，应按本规范第 3.2.2 条的规定确定；

R_d——结构构件抗力的设计值，应根据本规范第 7 章、第 8 章的规定确定；

T_m——在设计耐火极限时间内构件的最高温度，应根据本规范第 6 章的规定确定；

T_d——构件的临界温度，应根据本规范第 7 章、第 8 章的规定确定。

解读：本条给出了构件耐火验算时的三种方法。耐火极限法是通过比较构件的实际耐火极限和设计耐火极限，来判定构件的耐火性能是否符合要求，并确定其防火保护。结构受火作用是一个恒载升温的过程，即先施加荷载，再施加温度作用。模拟恒载升温，对于试验来说操作方便，但是对于理论计算来说则需要进行多次计算比较。为了简化计算，可采用直接验算构件在设计耐火极限时间内是否满足耐火承载力极限状态要求。火灾下随着构件温度的升高，材料强度下降，构件承载力也将下降；当构件承载力降至最不利组合效应时，构件达到耐火承载力极限状态。构件从受火到达到耐火承载力极限状态的时间即为构件的耐火极限；构件达到其耐火承载力极限状态时的温度即为构件的临界温度。因此，式（3.2.6-1）、式（3.2.6-2）、式（3.2.6-3）的耐火验算结果是完全相同的，耐火验算时只需采用其中之一即可。

9.5 如何运用 3D3S 实现防火设计？

9.5.1 3D3S 采用何种耐火验算方法？

1. 临界温度法

3D3S 软件临界温度法设计流程，如图 9-3 所示。

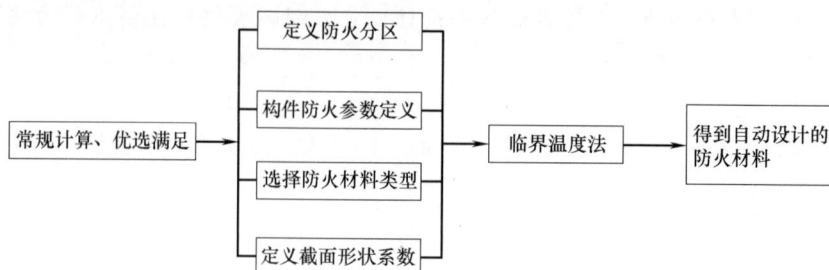

图 9-3 临界温度法设计流程示意图

对于一个结构来说，临界温度法本质是在不同构件上试算分别能施加多少温度的过程。

3D3S 软件第一次迭代时，各个构件会统一取环境温度开始计算，接下来的每一次迭代都各自根据结果调整。

例如，假设迭代进行到第 n 次，构件 GJ-1、GJ-2、GJ-3…的试算温度分别为 Ts-1、Ts-2、Ts-3…

则第 n 次的计算过程如下：

（1）把 Ts-1、Ts-2、Ts-3…分别作用在 GJ-1、GJ-2、GJ-3…上，计算当前温度作用下的荷载效应。

（2）根据《钢防火规范》7.2 节，计算 GJ-1、GJ-2、GJ-3…的截面荷载比 R-1、R-2、R-3…

计算时，构件内力采用火灾下组合内力，材料设计强度取常温下的强度设计值。根据构件的受力情况，分别查《钢防火规范》表 7.2.1～表 7.2.5，得到构件的临界温度 Td-1、Td-2、Td-3…

3D3S 软件根据表 9-1 确定最终构件的临界温度 Td。

构件受力与临界应力用表　　　　　　　　　　　　表 9-1

受力状态	强度应力比	稳定应力比	临界温度
轴拉	表 7.2.1 查得 Td	—	Td
轴压	表 7.2.1 查得 T′d	表 7.2.2 查得 T″d	Td＝min(T′d,T″d)

注：稳定应力比取平面内和平面外的较大值。

（3）分别比较是否满足 Td-1≥Ts-1、Td-2≥Ts-2、Td-3≥Ts-3…

若满足，则下次迭代时，该构件将尝试提高施加的温度 Ts，否则将降低施加的温度。

若温度与临界温度已很接近（程序控制为两者差值不大于 20），Ts 将保持不变。

（4）一直循环上述过程，直到 n 达到读者输入的迭代次数。

（5）使用最后一次的温度 Ts-1、Ts-2、Ts-3…，根据《防火规范》7.2.8 条反算需要的材料参数。

2. 承载力法

3D3S 软件承载力法设计流程，如图 9-4 所示。

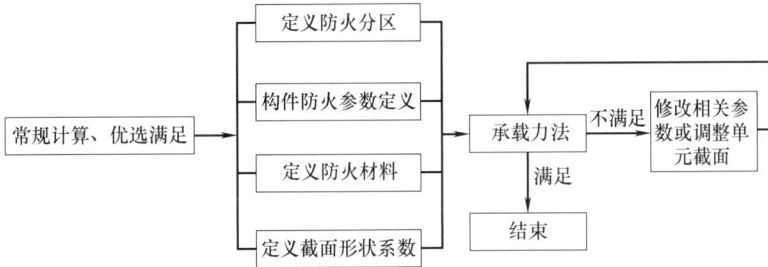

图 9-4　承载力法设计流程示意图

3D3S 软件根据《钢防火规范》5.1.2～5.1.5 条，计算构件在高温下的强度设计值和弹性模量，再根据《钢防火规范》式（7.1.2-2）、式（7.1.4-2）、式（7.1.6-2）、式（7.1.6-4）计算构件在火灾下的轴压稳定系数、整体稳定系数等参数，最后计算出构件在火灾下的应力 σ，判断构件是否满足下式要求：$\sigma \leqslant f_{\mathrm{T}}$ ［f_{T} 为高温下钢材的强度设计值（N/mm^2）］。

3. 临界应力法与承载力法的区别

（1）参数阶段的区别

仅防火材料部分不同。

（2）计算结果处理的区别

临界温度法：若设计结果不满足，或认为设计结果不够经济，可增加迭代次数重新计算（一般 6～10 次即可），若增加迭代次数已无效，可参考承载力法对单元截面进行调整。

另外，在临界温度满足的情况下，采用较少迭代次数的设计结果，对构件防火来说会偏安全。

承载力法：计算不满足时，读者需自行调整参数或单元，并重新计算。

9.5.2　影响防火计算的关键参数

防火材料的等效热阻 R_i：一般取值范围 0.1～0.5，数值越大，对防火计算越有利。

等效热传导系数 λ_i：一般取值范围 0.05～0.1，数值越小，对防火计算越有利。

防火材料厚度 d_i：一般取值范围 10～70，数值越大，对防火计算越有利。

有防火保护形状系数 F_i/V 直接影响钢构件的最终温度，数值越小，对防火计算越有利。

9.5.3　承载力法超限调整方法

使用"设计验算"→"不足构件"，可显示当前防火验算不通过的单元。

图 9-5 防火分区外单元验算
超限示意图

1. 防火分区外单元验算超限调整

此类杆件一般是少数，以图 9-5 为例，由于处于防火分区外，单元最高温度为环境温度 20℃。

超限的原因通常是原杆件的稳定系数过小，一般直接将截面适当放大即可。

2. 防火分区内单元验算超限调整（图 9-6）

（1）确认建筑的耐火极限，时间越短越容易计算通过。

图 9-6 防火分区内单元验算超限示意图

（2）修改材料参数，如轻质膨胀型可增大防火材料等效热阻等。

（3）调整截面形状系数：

1）自定义时，应尽量减小此数值；

2）程序自动计算时，视具体情况调整截面，仍以圆管截面为例：

① 若仅临界温度不足（为 0 或小于构件温度），可优先增加壁厚；

② 若临界温度法已满足，稳应力比超限不多（接近 0.9），仍可尝试先增加壁厚；

③ 若临界温度法已满足，稳定应力比超限较多，可同时增加外径和壁厚。

本项目采用临界温度法进行耐火验算。后面将会看到，采用临界温度法可以最快捷地计算出防火保护层所需的最小厚度或等效热阻。

9.5.4 3D3S 的耐火设计（以膨胀型涂料为例）

1. 切换到"钢结构防火"模块

原始工具条界面是没有"钢结构防火"按钮的，必须进行切换，详见图 9-7。

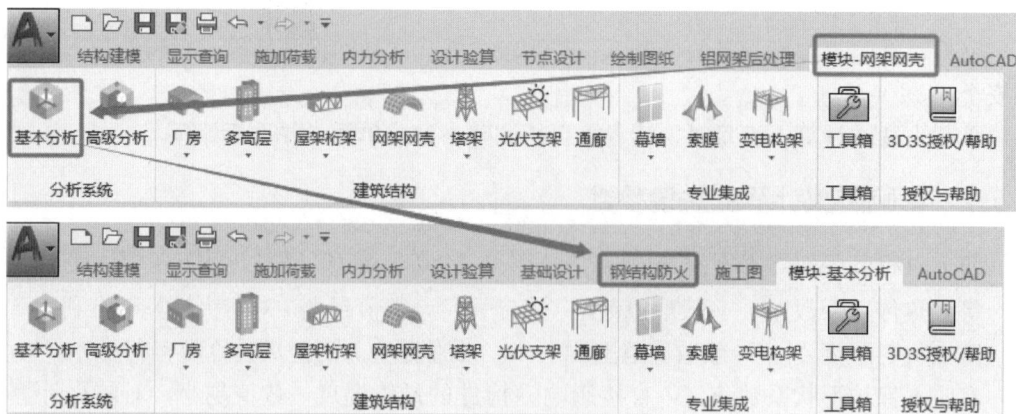

图 9-7 切换"钢结构防火"模块示意图

2. 定义受火区域

功能：此功能用来定义受火灾影响的区域，读者可选择模型的一部分或者整个模型。

122

（1）非防火分区单元：钢构件温度等于常温，不直接施加高温荷载，不调整各项材料性能。

（2）防火分区单元：钢构件温度根据升温曲线计算，默认情况下程序对所有构件均考虑热膨胀效应，即施加高温荷载，防火分区内单元均调整各项材料性能。

本项目全部框选整个网架，全部定义为受火区域。详见图9-8。

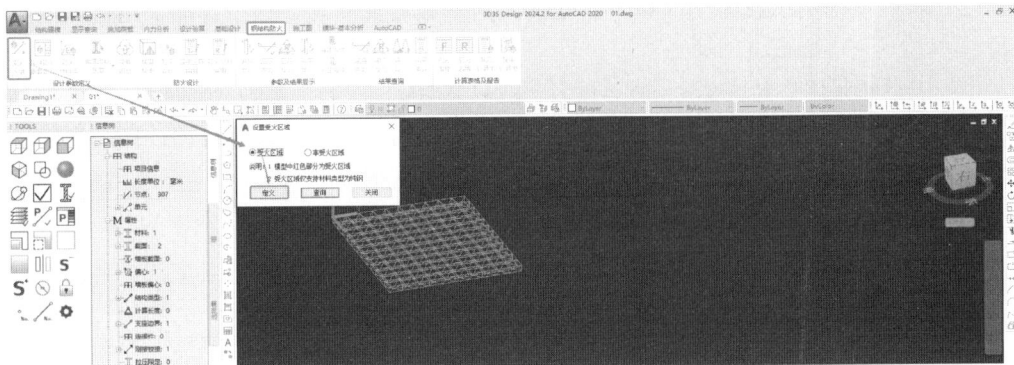

图9-8　定义受火区域示意图

3. 构件防火参数定义

此处为定义钢材的物理参数性能，详见图9-9。

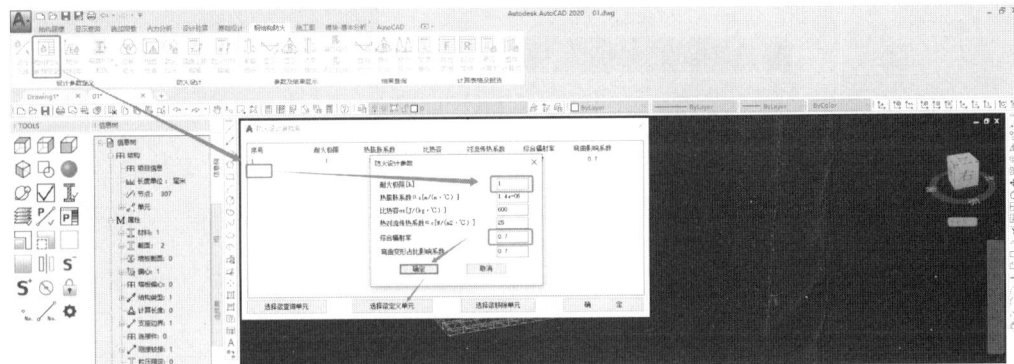

图9-9　构件防火参数示意图（一）

（1）T_{g0}——火灾前室内环境的温度（℃），可取20℃。

见《钢防火规范》6.1.1条。

（2）α_c——热对流传热系数 [W/(m^2·℃)]，可取25W/(m^2·℃)。

见《钢防火规范》6.2.1条。

（3）ε_r——综合辐射率，可取0.7。

见《钢防火规范》表6.2.1。

（4）α_s——热膨胀系数 [m/(m·℃)]，可取1.4×10^{-5} m/(m·℃)。

见《钢防火规范》表5.1.1。

（5）c_s——钢材比热（容）[J/(kg·℃)]，可取600J/(kg·℃)。

见《钢防火规范》表5.1.1。

其他按照默认即可。

4. 防火材料参数库

使用此功能定义使用的防火材料。

（1）对于膨胀型，可编辑的是等效热阻；对于非膨胀型，可编辑的是等效热传导系数和防火材料厚度，非轻质材料暂不可用。

（2）若后续采用承载力法计算，此处输入的参数需要准确，程序直接采用输入的数值计算。

（3）若后续采用临界温度法计算，读者一般只需明确防火材料类型（膨胀型或非膨胀型）；

对于膨胀型，程序会自动计算需要的等效热阻；对于非膨胀型，自动计算需要的厚度（等效热传导系数仍采用输入的数值）。

本项目采用膨胀型涂料，详见图 9-10。

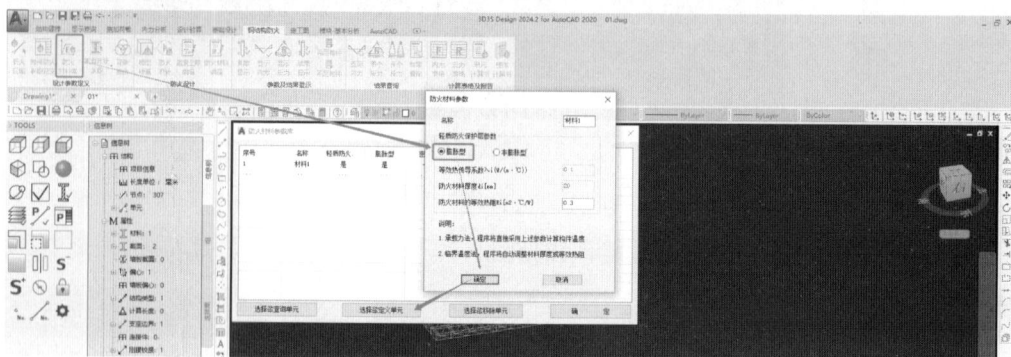

图 9-10　构件防火参数示意图（二）

若采用非膨胀型：如果有具体厂家的涂料产品物理性能，请按照给定数值填写；如果没有，可参考下面数值执行。

λ_s——热传导系数 $[W/(m \cdot ℃)]$，可取 $0.1 \sim 0.2 W/(m \cdot ℃)$。

5. 截面形状系数

使用此功能定义构件的截面形状系数，具体操作详见图 9-11。

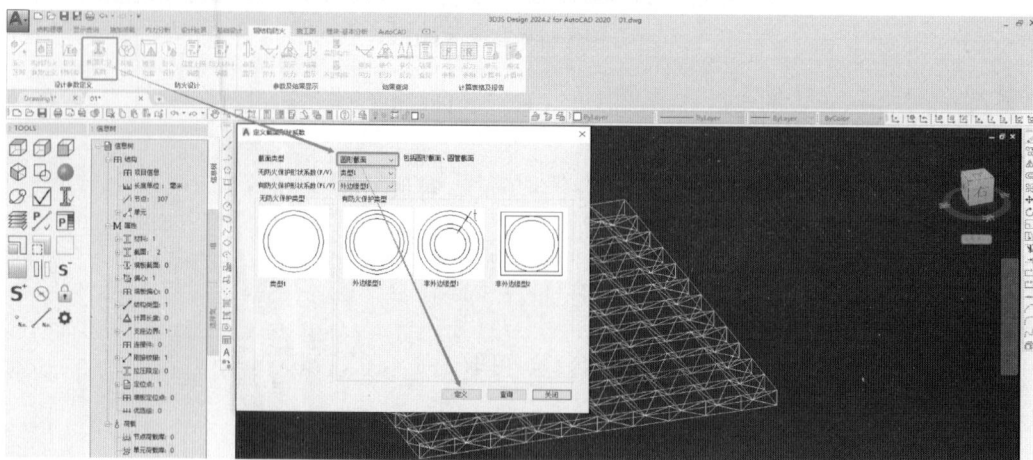

图 9-11　定义截面形状系数示意图

（1）对于软件列举的几种截面类型（工字形、槽形、圆形、矩形管），读者只需要定义类型，程序自动按《钢防火规范》条文说明表9和表11进行计算。本项目选择"圆形截面"。

（2）读者也可参考上述条文自行计算出结果，使用该结果进行自定义，软件会直接采用定义的值。

（3）除上述几种截面外，只能自定义，不能自动计算。

6. 荷载组合

点击"荷载组合"对话框的"快速生成"按钮，软件将自动根据《钢防火规范》3.2.2条生成防火设计组合。详见图9-12。

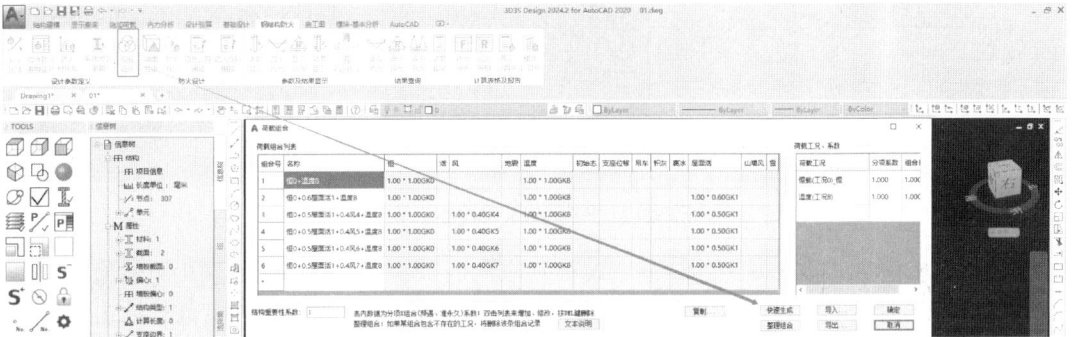

图9-12　荷载组合生成示意图

默认生成的组合只包括以下工况：恒荷载、活荷载、风荷载以及温度荷载，地震工况在当前模块不会计算，不支持读者添加相关的组合。

7. 模型检查

检查防火模型中的错误项和警告项，存在错误项必须修正后方可进行防火计算。而提示警告项中存在不符合要求的单元时，会在防火计算时提示该部分单元不做设计。如图9-13所示。

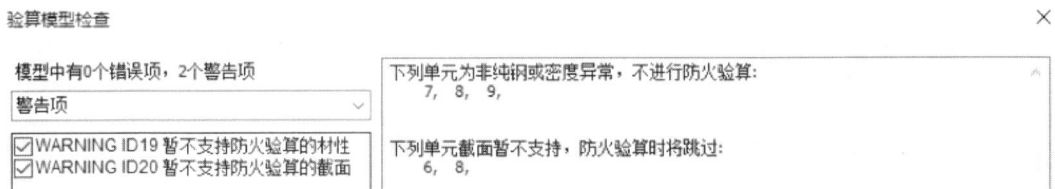

图9-13　防火模型中的错误项和警告项示意图

错误项：

（1）模型中不存在防火分区。

（2）防火分区内存在未定义构件防火参数、材料属性的杆件。由于截面形状系数会由程序给定默认初始值，读者即使未手动定义也可以完成计算。

警告项：防火分区内的杆件存在不支持的截面（如薄壁截面），不支持的材料属性（如组合材性等非纯钢材性），材性参数中密度异常（为0）等情况。检查出的警告项不影响计算完成，在计算时会提示部分杆件不支持，防火验算会跳过。

若读者没有手动检查，直接计算，程序会默认调用检查，并提示模型有误详见模型检查，但不会给出具体的单元信息。

8. 结构防火设计

使用此功能进行结构防火设计/验算，如图 9-14 所示。

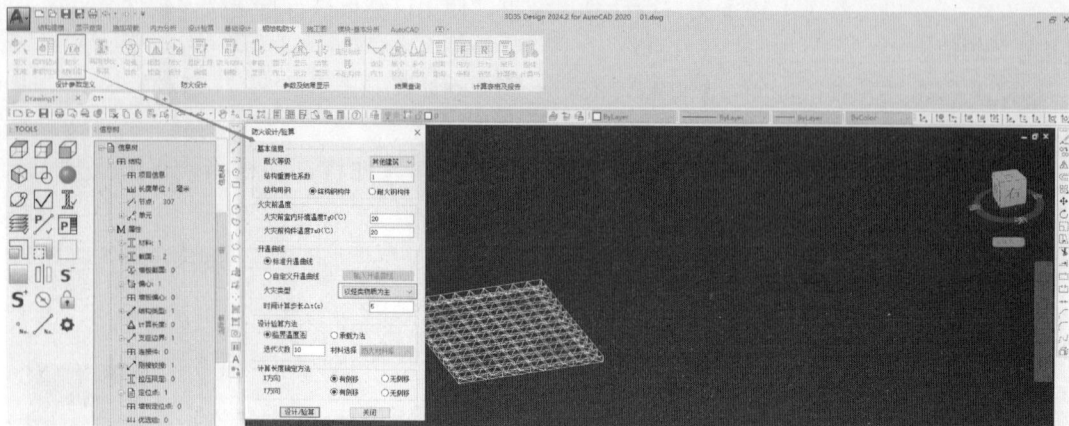

图 9-14　网架防火设计示意图

（1）基本信息：除非一级建筑或者设计基准周期 100 年，否则一般采用默认值。

（2）火灾前温度：均可取 20℃，见《钢防火规范》6.1.1 条。虽然规范只给出火灾前室内环境的温度取 20℃，但笔者认为，除了极特殊情况外，火灾前构件温度和室内环境温度应该保持一致。

（3）升温曲线：默认选择标准升温曲线，本项目加油站为储存石油，火灾类型改为炔类燃烧类而非纤维类。

标准升温曲线通常用于一般建筑火灾的模拟，适用于常见的火灾情况。它基于室内火灾的发展过程，通常分为三个阶段：初期增长阶段、全盛阶段和衰退阶段。标准升温曲线旨在统一和便于比较，帮助评定建筑构件的耐火极限。标准升温曲线在初期增长阶段和全盛阶段之间有一个标志性的轰燃现象，此时室内所有可燃物都将着火燃烧，环境温度急剧升高，危及结构安全。

在有确定实验数据情况下，也可以自定义升温曲线，自定义升温曲线只适用于承载力法。有时候采用标准升温曲线导致杆件的防火设计过于苛刻，对于符合《建筑钢结构防火技术规范》CECS 200—2006 的高大空间建筑，也可以使用"生成 CECS 高大空间升温曲线"功能，提供的选项对应了该规范的附录 D，读者确定参数会自动生成曲线，如图 9-15 所示。注：《建筑钢结构防火技术规范》CECS 200—2006 虽然已经废止，但是关于高大空间建筑的思路还是值得借鉴的，软件技术说明书及其设计均在与专家组沟通后予以保留，但是需要读者自行决定是否采用。一般室内火灾和高大空间火灾升温曲线比较，见《钢防火规范》附录 6.1.1 图 6。

高大空间定义：《建筑钢结构防火技术规范》CECS 200—2006 中 6.2.1 条：高大空间是指高度不小于 6m、独立空间地（楼）面面积不小于 500m²。

其条文说明：高大空间内火灾与一般室内火灾的根本差别是，一般室内火灾会产生室内可燃物全部燃烧的轰燃现象，室内温度会快速上升；而高大空间内由于空间大，难以产生轰燃，因而室内温度的上升不是十分迅速，烟气的最高温度也可能不是很高。然而，多大的空间就不会产生轰燃与很多因素有关，本条给出的高大空间的下限值是偏于保守的。

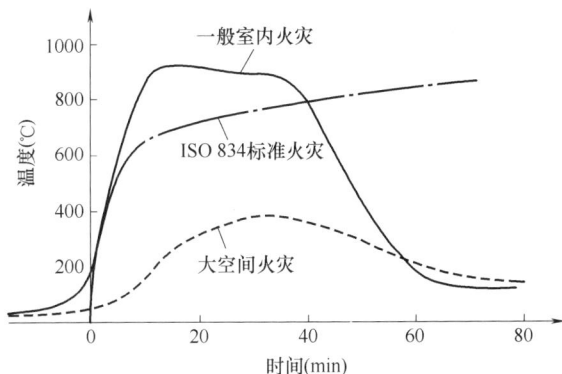

图 6 一般室内火灾与高大空间火灾的升温曲线比较

由于标准升温曲线和《建筑钢结构防火技术规范》CECS 200—2006 高大空间升温曲线导致的防火设计差异巨大，需要和审图单位提前沟通确认。

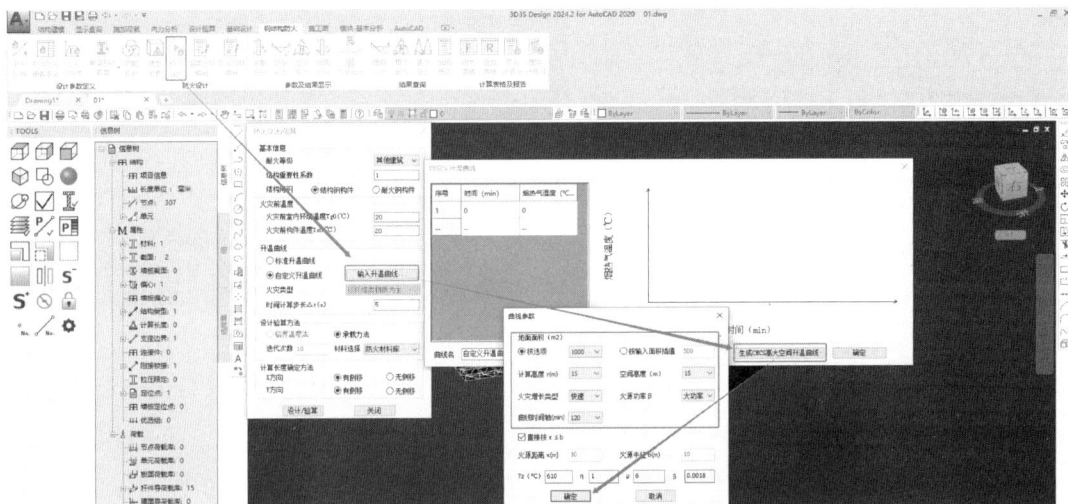

图 9-15 生成 CECS 高大空间升温曲线示意图

升温曲线：时间计算步长 Δt (S)：5S。见《钢防火规范》6.2.1 条。

（4）设计验算方法

设计验算方法：临界温度法。

迭代次数：一般取 6～10 次。

（5）计算长度确定方法

从《空间网格规程》表 5.1.2 可知，当网架采用螺栓球节点时，其弦杆及腹杆计算长度系数通常取 1.0，即取其几何长度，可按无侧移计算。

9.5.5 防火材料编辑

在防火设计后，程序自动优选出各个杆件的材料参数，读者可以选择部分杆件查看结果。材料参数按照先非膨胀类型、后膨胀类型的顺序排列，同一类型材料按数值从大到小排列。单击其中一个参数行时，模型中对应的杆件会相应亮显，双击可进行数值编辑。在执行修改后点击确定会保存，否则提示存在修改但不保存。表格内的数据来源于最后一次临界温度法计算所得的结果，如图 9-16 所示。

　　一般在防火设计结束后，读者可以在此功能对话框中进行修改、归并。例如有 3 根杆件优选出的材料厚度分别为 30mm、31mm、32mm，读者可以将 3 根杆件均偏向安全地修改为 32mm。若存在构件的材料厚度或等效热阻值为 999，或其他可主观判断不合常理的数值，则为计算结果不通过，提示读者需要手动调整。无论是膨胀性材料还是非膨胀性材料，其等效热阻值或防火材料厚度值越大，则在火灾环境下越安全。

　　该功能与选择"承载力法"进行防火设计验算时，选用"编辑后数值"联动，即修改后的防火材料属性可以直接用于承载力法验算的数据。若选用"初始数据"，将不使用修改后的参数。

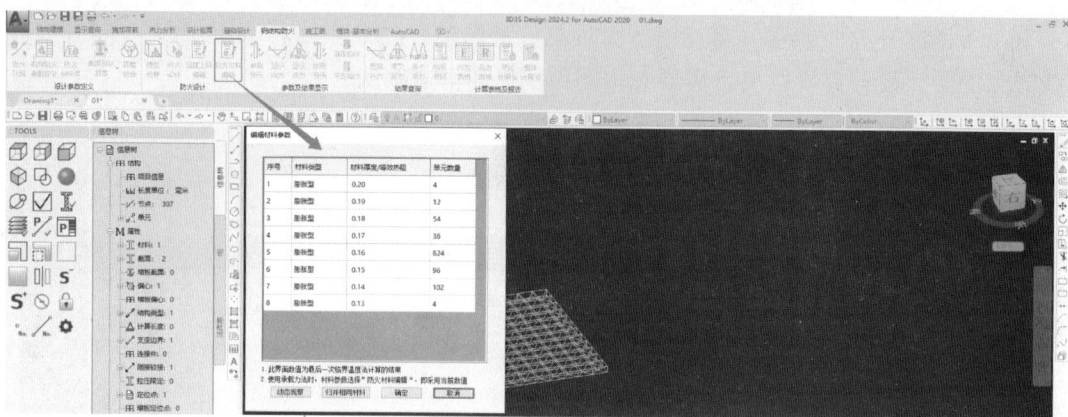

图 9-16　防火材料编辑示意图

9.5.6　结果显示

　　（1）通过"设计结果显示"命令，可查看构件防火设计结果，如图 9-17 所示。

　　（2）第一排为临界温度法的结果，依次为：防火材料设计结果，单元最高温度，临界温度。

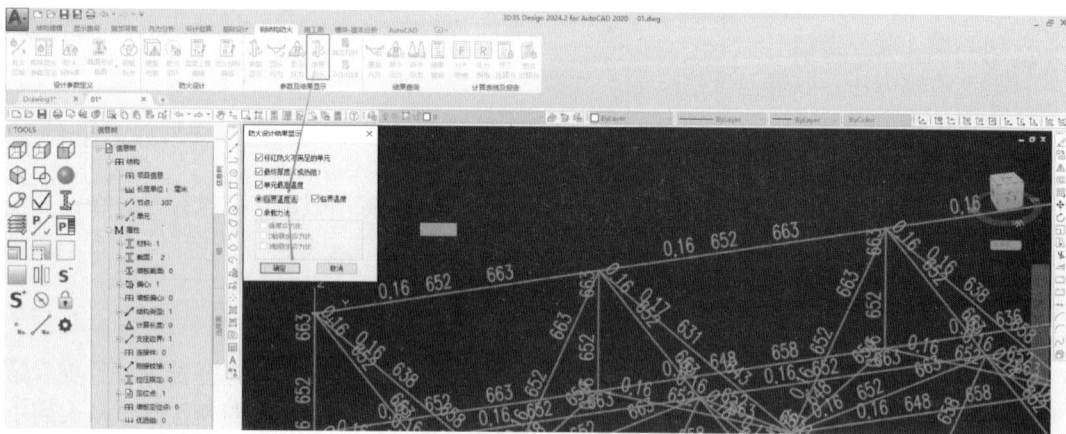

图 9-17　防火设计结果示意图

9.5.7 构件防火计算书

点击此命令，输出 Word 格式的单个构件的详细计算书。如图 9-18 所示。

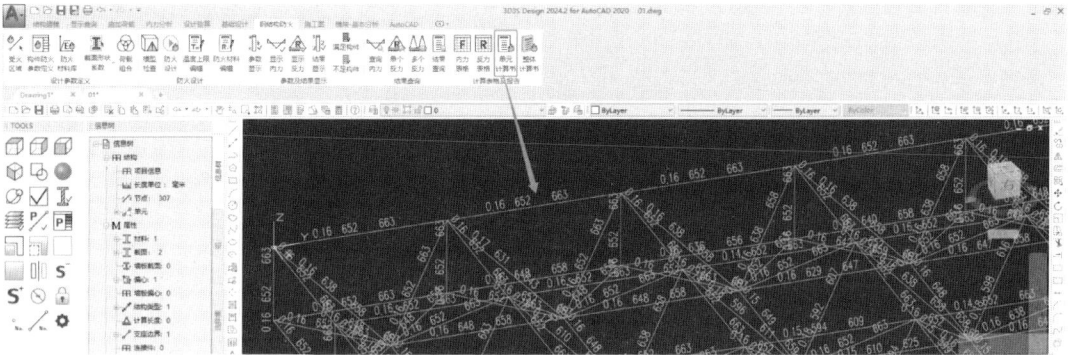

图 9-18　钢构件防火设计计算书

钢构件防火设计计算书

1. 设计依据

《建筑钢结构防火技术规范》　　　　GB 51249—2017

《钢结构设计标准》　　　　　　　　GB 50017—2017

2. 设计参数

结构重要性系数　　　　　　　　　　　　　　　　　　　　: 1.00

钢材类型　　　　　　　　　　　　　　　　　　　　　　　: 结构钢

火灾前室内温度 T_{g0}　　　　　　　　　　　　　　　　: 20.00 [℃]

单元开始温度 T_{s0}　　　　　　　　　　　　　　　　　: 20.00 [℃]

火灾升温曲线类型　　　　　　　　　　　　　　　　　　: 以烃类物质为主

计算步长 Δt　　　　　　　　　　　　　　　　　　　: 5 [s]

设计验算方法　　　　　　　　　　　　　　　　　　　　: 临界温度法

迭代次数　　　　　　　　　　　　　　　　　　　　　　: 10

设计耐火极限时间　　　　　　　　　　　　　　　　　　: 1.0 [h]

热膨胀系数　　　　　　　　　　　　　: $1.4e^{-5}$ [m/(m·℃)]

钢材比热容 C_s　　　　　　　　　　　　　: 600 [J/kg·℃]

热对流传热系数 α_c　　　　　　　　: 25 [W/(m²·℃)]

综合热辐射率 ε_r　　　　　　　　　　　　　　: 0.7

弯曲变形占比系数　　　　　　　　　　　　　　　　　　: 0.7

钢材密度 ρ_s　　　　　　　　　　　　　: 7850 [kg/m³]

防火材料厚度　　　　　　　　　　　　　　　　　　　　: —

防火材料密度 ρ_i　　　　　　　　　　　: 500 [kg/m³]

防火材料比热容 c_i　　　　　　　　　　: 1200 [J/kg·℃]

防火材料等效热阻 R_i（自动计算）　　　: 0.16 [(m²·℃)/W]

129

无防火保护材料的截面形状系数 F/V : 303 $[\text{m}^{-1}]$

有防火保护材料的截面形状系数 F_i/V : 303 $[\text{m}^{-1}]$

3. 防火分区单元温度计算

根据［防火规范 6.2.3］，标准火灾下，构件温度 T_s 与所需防火材料存在关系：

$$T_s = \left(\sqrt{0.044 + 5.0 \times 10^{-5} \alpha \frac{F_i}{V}} - 0.2 \right) t + T_{s0}$$

（1）当 T_s 较小时，温度工况作用越小，但防火材料要求越高

（2）当 T_s 较大时，温度工况作用越大，但防火材料要求越低

临界温度法的总原则是：通过不断迭代试算，找到合适的 T_s。

经迭代试算，取构件目标温度为：

$$T_s = 652.0\text{℃}$$

4. 临界温度法计算

经过 1.0h 火灾后，构件内部温度达到 652.0℃，设置构件升温为 632.0℃，计算构件内力。

（1）在火灾组合效应下，钢构件强度验算：

设计内力：组合 1（1）$N = 1.66\text{kN}$　$M_2 = 0.00\text{kNm}$　$M_3 = 0.00\text{kNm}$

$$R = \frac{N}{A_n f}$$

$$= \frac{1661.59}{621.25 \times 215.00}$$

$$= 0.012$$

查表 7.2.1 得到临界温度 $T_d' = 663.0\text{℃}$

临界温度 $T_d = T_d' = 663.0 \geqslant T_s$

（2）根据当前构件温度计算材料参数：

［防火规范 7.2.8-1］

$$R_i = \frac{5 \times 10^{-5}}{\left(\dfrac{T_d - T_{s0}}{t_m} + 0.2 \right)^2 - 0.044} \cdot \frac{F_i}{V}$$

$$= 5.27 \times 10^{-4} \times 303.41$$

$$= 0.160\text{m}^2 \cdot \text{℃/W}$$

【结论】临界温度法计算满足。

9.5.8　整体防火计算书

点击此命令，输出 Word 格式的整体模型的详细计算书。如图 9-19 所示。

对于膨胀型涂料，知道等效热阻就可以确定厂家以及厂家的涂料是否合格。

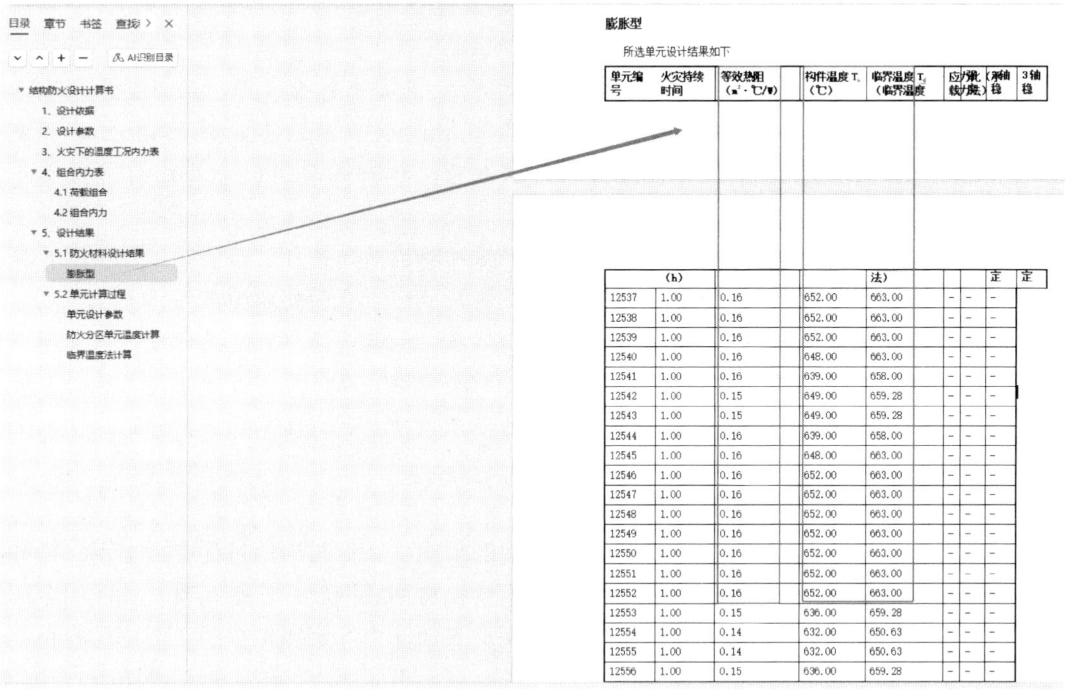

单元编号	火灾持续时间（h）	等效热阻（m²·℃/W）	构件温度 T_s（℃）	临界温度 T_d（临界温度法）	应力比	承载力	2轴稳定	3轴稳定
12537	1.00	0.16	652.00	663.00	-	-	-	
12538	1.00	0.16	652.00	663.00	-	-	-	
12539	1.00	0.16	652.00	663.00	-	-	-	
12540	1.00	0.16	648.00	663.00	-	-	-	
12541	1.00	0.16	639.00	658.00	-	-	-	
12542	1.00	0.15	649.00	659.28	-	-	-	
12543	1.00	0.15	649.00	659.28	-	-	-	
12544	1.00	0.16	639.00	658.00	-	-	-	
12545	1.00	0.16	648.00	663.00	-	-	-	
12546	1.00	0.16	652.00	663.00	-	-	-	
12547	1.00	0.16	652.00	663.00	-	-	-	
12548	1.00	0.16	652.00	663.00	-	-	-	
12549	1.00	0.16	652.00	663.00	-	-	-	
12550	1.00	0.16	652.00	663.00	-	-	-	
12551	1.00	0.16	652.00	663.00	-	-	-	
12552	1.00	0.16	652.00	663.00	-	-	-	
12553	1.00	0.15	636.00	659.28	-	-	-	
12554	1.00	0.14	632.00	650.63	-	-	-	
12555	1.00	0.14	632.00	650.63	-	-	-	
12556	1.00	0.15	636.00	659.28	-	-	-	

图 9-19 整体防火设计计算书

9.6 网架的防腐蚀设计

9.6.1 规范相关规定

《钢标》防腐蚀设计规定：

18.2.2 钢结构防腐蚀设计应综合考虑环境中介质的腐蚀性、环境条件、施工和维修条件等因素，因地制宜，从下列方案中综合选择防腐蚀方案或其组合：

1 防腐蚀涂料；

2 各种工艺形成的锌、铝等金属保护层；

3 阴极保护措施；

4 耐候钢。

18.2.4 结构防腐蚀设计应符合下列规定：

1 当采用型钢组合的杆件时，型钢间的空隙宽度宜满足防护层施工、检查和维修的要求。

2 不同金属材料接触会加速腐蚀时，应在接触部位采用隔离措施。

3 焊条、螺栓、垫圈、节点板等连接构件的耐腐蚀性能，不应低于主材材料。螺栓直径不应小于12mm。垫圈不应采用弹簧垫圈。螺栓、螺母和垫圈应采用镀锌等方法防护，安装后再采用与主体结构相同的防腐蚀方案。

4 设计使用年限大于或等于25年的建筑物，对不易维修的结构应加强防护。

5 避免出现难于检查、清理和涂漆之处，以及能积留湿气和大量灰尘的死角或凹槽。闭口截面构件应沿全长和端部焊接封闭。

6 柱脚在地面以下的部分应采用强度等级较低的混凝土包裹（保护层厚度不应小于50mm），包裹的混凝土高出室外地面不应小于150mm，室内地面不宜小于50mm，并宜采取措施防止水分残留。当柱脚底面在地面以上时，柱脚底面高出室外地面不应小于100mm，室内地面不宜小于50mm。

18.2.6 钢结构防腐蚀涂料的配套方案，可根据环境腐蚀条件、防腐蚀设计年限、施工和维修条件等要求设计。修补和焊缝部位的底漆应能适应表面处理的条件。

18.2.7 在钢结构设计文件中应注明防腐蚀方案，如采用涂（镀）层方案，须注明所要求的钢材除锈等级和所要用的涂料（或镀层）及涂（镀）层厚度，并注明使用单位在使用过程中对钢结构防腐蚀进行定期检查和维修的要求，建议制订防腐蚀维护计划。

9.6.2 防腐的常见做法

网架的防腐方法有三种：一是改变金属结构的组织，在钢材冶炼过程中增加铜、铬和镍等合金元素以提高钢材的抗锈能力，如采用不锈钢材制成网架；二是在钢材表面用金属镀层保护，如电镀或热浸镀锌等方法；三是在钢材表面涂以非金属保护层，即用涂料将钢材表面保护起来使之不受大气中有害介质的侵蚀。在三种防腐方法中，第一种防腐方法造价最高，一般用于小跨度装饰性网架中。最常用的是非金属涂料防腐方法，这种方法价格低廉，效果好，选择范围广，适用性强。网架大多数建造在室内，经过涂料方法处理后，若无特殊情况，一般可保持20～30年。本节主要介绍非金属涂料防腐方法。

1. 非金属涂料的防腐

非金属涂料的防腐需经过表面除锈和涂料施工两道工序。

（1）表面除锈。表面除锈的目的是彻底清除构件表面的毛刺、铁锈、油污及其他附着物，使构件表面露出银灰色，可增加涂层与构件表面的黏合和附着力，使防护层不会因锈蚀而脱落。

表面除锈方法有：

1）人工除锈。即用刮刀、钢丝刷、砂纸或电动砂轮等简单工具，手工将钢材表面的氧化铁、铁锈、油污等除去，这种方法操作比较简单。人工除锈应满足表9-2的质量标准。

人工除锈质量分级 表9-2

级别	钢材除锈表面状态
st2	彻底用铲刀铲刮，用钢丝刷子刷擦，用机械刷子刷擦和用砂轮研磨等。除去疏松的氧化皮、锈和污物，最后用清洁干燥的压缩空气或干净的刷子清理表面，表面应具有淡淡的金属光泽
st3	非常彻底地用铲刀铲刮，用钢丝刷子擦，用机械刷子擦和用砂轮研磨等。表面除锈要求与st2相同，但更为彻底。除去灰尘后，该表面应具有明显的金属光泽

注：采用砂轮研磨时，钢材表面不得出现砂轮研磨痕迹。

2）喷砂除锈。喷砂除锈是在封闭房间内用铁砂或铁丸冲击构件表面，以清除构件表面铁锈、油污等杂质。喷砂除锈效果好，除锈彻底。喷砂时如采用硅砂或海砂，喷砂效果差，操作条件差，并产生砂尘，对工人健康有影响，故应尽量避免采用硅砂和海砂。喷砂除锈应满足表 9-3 的质量标准。

喷砂除锈质量分级   表 9-3

级别	钢材除锈表面状态
sa1	轻度喷射除锈,除去疏松的氧化皮、锈及污物
sa2	彻底地喷射除锈,除去大部分的氧化皮、锈及污物,最后用清洁干燥的压缩空气或干净的刷子清理表面,该表面应稍显灰色
sa3	非常彻底地喷射除锈,氧化皮、锈及污物清除到仅剩轻微的点状或条状痕迹的程度,但更为彻底。除去灰尘后,该表面应具有明显的金属光泽。最后表面用清洁干燥的压缩空气或干净的刷子清理
sa4	喷射除锈到白金属,应完全除去氧化皮、锈及污物,最后表面用清洁干燥的压缩空气或干净的刷子清理,该表面应具有均匀的金属光泽

3）酸洗和酸洗磷化除锈。酸洗和酸洗磷化是比较好的除锈方法，它是用酸性溶液与钢材表面的氧化物发生化学反应，使其溶解于酸性溶液中。这种方法质量好，工效高，是三种除锈方法中质量最好的一种。但酸洗除锈需要酸洗槽和蒸汽加温反复冲洗的设备，对于大型构件较难实现。目前长度小于 10m 的杆件，采用酸洗工艺还是可能的。

在酸洗后再进行磷化处理，可使钢材表面呈现均匀的粗糙状态，增加漆膜与钢材的附着力。对于难以进行磷化处理的构件，酸洗后喷涂磷化底漆，也能达到同样的效果。

（2）涂料施工。涂料施工前应正确、合理地选择涂料。涂料的作用是在构件表面形成一层坚固的薄膜，保护钢材不受周围侵蚀介质的作用，以达到防锈蚀的目的。

涂料是一种含油或不含油的胶体溶液，分为底漆和面漆两大类。一般底漆中含粉料多，基料少，成膜粗糙，与构件表面的粘结附着力强，与面漆结合性好。而面漆粉料少，基料多，成膜后有光泽，主要功能是保护下层底漆，使大气和潮气不能渗入底漆，并能抵抗由风化引起的物理和化学的分解作用。

涂料品种较多，底漆与面漆应合理配套组成，配套要求见表 9-4。

防锈涂料的底漆和面漆配套组成要求   表 9-4

底漆	面漆
一般铁红	油性漆、醛酸、酚醛、脂胶
环氧铁红	醇酸、酚醛、氧化橡胶
环氧富锌	醇酸、酚醛、氧化橡胶、环氧、聚氨酯
水溶性	（空）
无机锌	环氧、聚氨酯
酸溶性	（空）

涂料施工宜在气温 15～35℃时进行，当气温低于 5℃或高于 35℃时，一般不宜施工。

此外，宜在天气晴朗、具有良好通风的室内进行，不应在雨、雪、雾、风沙很大的天气或烈日下的室外施工。网架与网壳的构件底漆施工在工厂里进行，待安装结束后再进行面漆施工。

涂料施工的方法通常有刷涂法和喷涂法两种。

1）刷涂法。刷涂法是用毛刷将涂料均匀刷在构件表面，是常用的施工方法之一。涂刷时要求均匀、色泽一致，无皱皮、流坠，分色线清楚整齐。

2）喷涂法。这种方法效率高、速度快、施工方便。

涂装的厚度应按结构使用要求取用，也可按表 9-5 选择。

涂装厚度

表 9-5

涂层等级	控制厚度（μm）
一般性涂层	80～100
装饰性涂层	100～150

2. 构造措施

为了防止网架与网壳在局部区段防锈处理不当，降低结构防腐能力，网架与网壳应满足如下构造要求：

（1）网架和网壳的设计应便于进行防锈处理，构造上应尽量避免出现难以油漆及能积留湿气和大量灰尘的死角或凹槽，闭口截面应将杆件两端部焊接封闭。

（2）网架和网壳采用螺栓球节点连接时，拧紧螺栓后应将多余的螺孔封口，并应用油腻子将所有接缝处嵌密，补刷防腐漆两道。

（3）现场施工焊缝施焊完毕后，必须进行表面清理和补漆。

（4）在结构全部安装完成后，必须进行全面认真的检查，对漏漆或损伤部分应进行补涂和修复，防止存在防腐上的弱点。

10 网架的制作、安装与验收

10.1 一般要求

《空间网格规程》：

6.2.1 空间网格结构的杆件和节点应在专门的设备或胎具上进行制作与拼装，以保证拼装单元的精度和互换性。

6.2.2 空间网格结构制作与安装中所有焊缝应符合设计要求。

当设计无要求时应符合下列规定：

1 钢管与钢管的对接焊缝应为一级焊缝；

2 球管对接焊缝、钢管与封板（或锥头）的对接焊缝应为二级焊缝；

3 支管与主管、支管与支管的相贯焊缝应符合现行行业标准《建筑钢结构焊接技术规程》JGJ 81 的规定；

4 所有焊缝均应进行外观检查，检查结果应符合现行行业标准《建筑钢结构焊接技术规程》JGJ 81 的规定；对一、二级焊缝应作无损探伤检验，一级焊缝探伤比例为100%，二级焊缝探伤比例为20%，探伤比例的计数方法为焊缝条数的百分比，探伤方法及缺陷分级应分别符合现行行业标准《钢结构超声波探伤及质量分级法》JG/T 203 和《建筑钢结构焊接技术规程》JGJ 81 的规定。

注：由于《空间网格规程》发布时间较早，其文中出现的《建筑钢结构焊接技术规程》JGJ 81 已经被《钢结构焊接规范》GB 50661—2011 代替；《钢结构超声波探伤及质量分级法》JG/T 203 已经被《焊缝无损检测 超声检测 验收等级》GB/T 29712—2013 代替，读者应注意。

6.2.3 空间网格结构的杆件接长不得超过一次，接长杆件总数不应超过杆件总数的10%，并不得集中布置。杆件的对接焊缝距节点或端头的最短距离不得小于500mm。

6.2.4 空间网格结构制作尚应符合下列规定：

2 螺栓球不得有裂纹。螺纹应按 6H 级精度加工，并应符合现行国家标准《普通螺纹 公差》GB/T 197 的规定。螺栓球的尺寸允许偏差应符合表6.2.4-2 的规定。

表 6.2.4-2 螺栓球尺寸的允许偏差

项目	规格(mm)	允许偏差
毛坯球直径	$D \leqslant 120$	+2.0mm −1.0mm
	$D > 120$	+3.0mm −1.5mm
球的圆度	$D \leqslant 120$	1.5mm
	$120 < D \leqslant 250$	2.5mm
	$D > 250$	3.5mm
同一轴线上两铣平面平行度	$D \leqslant 120$	0.2mm
	$D > 120$	0.3mm

项目	规格（mm）	允许偏差
铣平面距球中心距离	—	±0.2mm
相邻两螺栓孔中心线夹角	—	±30′
铣平面与螺栓孔轴线垂直度	—	0.005r

注：D 为螺栓球直径，r 为铣平面半径。

6.2.5 钢管杆件宜用机床下料。杆件下料长度应预加焊接收缩量，其值可通过试验确定。杆件制作长度的允许偏差应为±1mm。采用螺栓球节点连接的杆件其长度应包括锥头或封板；采用嵌入式毂节点连接的杆件，其长度应包括杆端嵌入件。

6.2.6 支座节点、铸钢节点、预应力索锚固节点、H 型钢、方管、预应力索等的制作加工应符合设计及现行国家标准《钢结构工程施工质量验收规范》GB 50205 等的规定。

6.2.8 分条或分块的空间网格结构单元长度不大于 20m 时，拼接边长度允许偏差应为±10mm；当条或块单元长度大于 20m 时，拼接边长度允许偏差应为±20mm。高空总拼应有保证精度的措施。

6.2.9 空间网格结构在总拼前应精确放线，放线的允许偏差应为边长的 1/10000。总拼所用的支承点应防止下沉。总拼时应选择合理的焊接工艺顺序，以减少焊接变形和焊接应力。拼装与焊接顺序应从中间向两端或四周发展。网壳结构总拼完成后应检查曲面形状，其局部凹陷的允许偏差应为跨度的 1/1500，且不应大于 40mm。

6.2.10 螺栓球节点及用高强度螺栓连接的空间网格结构，按有关规定拧紧高强度螺栓后，应对高强度螺栓的拧紧情况逐一检查，压杆不得存在缝隙，确保高强度螺栓拧紧。安装完成后应对拉杆套筒的缝隙和多余的螺孔用油腻子填嵌密实，并应按规定进行防腐处理。

6.2.11 支座安装应平整垫实，必要时可用钢板调整，不得强迫就位。

10.2 网架构件的制作

10.2.1 网架杆件制作工艺流程

网架杆件制作工艺流程如图 10-1 所示。

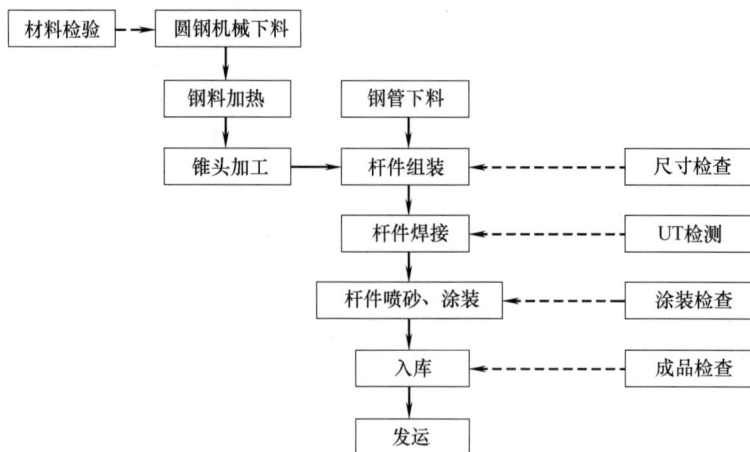

图 10-1 网架杆件制作工艺流程

10.2.2 杆件制作工艺

钢管下料→锥头坯料锻造→锥头机加工→锥头封板组装、焊接→锥头、管件组装→杆件整体焊接→杆件测量、矫正→杆件检验→除锈→油漆涂装→涂层检查与验收→杆件编号、标识→包装发运。

1. 钢管下料

钢管下料前应进行钢管材料复验，合格后方可投入使用。

钢管下料采用数控管子相贯线切割机，管件切割长度尺寸精度控制在±0.5mm，坡口角度允许误差≤5°。

（1）杆件钢管为高频焊管或无缝钢管。

（2）钢管下料采取管子自动切割机，下料坡口一次性成型。

2. 锥头坯料锻造

锥头采用圆钢下料，料块加热后模锻制成，锥头毛坯锻造前不得有过烧、裂纹等缺陷，锻后要求正火处理，表面去除氧化皮。

3. 锥头机加工

（1）锥头材料为45号钢，原材料主要是圆钢，下料采用锯床锯割。

（2）锥头锻造采取高速蒸汽冲床，或油压机＋专用成型模具。

（3）锥头成型采取机械加工。

锥头锻造成型后采用铣床加工锥头与杆管内壁相配合的台阶、锥头小端平面及焊缝坡口，锥头两端面垂直度控制在0.5mm。

端面端铣加工后在划线平台上画出螺孔加工线中心线，并同时刻画出锥头组装定位及装夹检测中心点。

螺孔采用数控钻床加工而成。

4. 锥头封板组装、焊接

先将高强度螺栓预置于锥头螺栓孔中，并采用胶片粘贴牢固，防止倒落入锥头内部。

封板与锥头之间采用单面坡口（反面贴衬垫）形式，焊接方法采用二氧化碳气体保护焊。

5. 锥头、管件组装

锥头、管件采用专用装夹夹具进行自动组装。锥头的定位主要靠两侧旋转定心顶针控制其中心轴线，杆件的长度通过限位挡块控制。杆件装配时，保证杆件两端锥头顶面与钢管轴线的垂直度达到0.5%R（R为锥头底端部半径）、杆件两端锥头端面圆孔轴线与钢管轴线的不同轴度不大于管径的1%，并保证在钢管端部与锥头之间预留2~3mm间隙。

（1）杆件组装焊接在专用设备上进行，采用二氧化碳气体保护自动焊。

（2）焊接时，保持焊枪与杆件之间偏移5~10mm；同时，焊枪与钢管平面内旋转100°~150°；偏转角度与钢管旋转方向相反。

6. 杆件整体焊接

杆件装配完后，采用NXC-2×500KR型网架杆件在双头自动焊接机床上进行焊接。

137

7. 杆件测量、矫正

组装焊接完后要求在自由状态下进行测量，对于尺寸超差的应进行矫正。

8. 杆件检验

（1）检验杆件检验后的外形尺寸是否符合设计图样要求。

（2）焊缝金属表面焊波均匀，无裂纹、弧坑裂纹、电弧擦伤、焊瘤、表面夹渣、表面气孔等缺陷，焊接区不得有飞溅物，咬边深度应小于 $0.05t$（t 为管壁厚），同时对焊缝进行 UT 检测。

9. 除锈

（1）网架杆件在涂装前先检查杆件是否验收合格，并将需涂装部位的铁锈、焊缝飞溅物、油污、尘土等清除干净。

（2）为保证涂装质量，采用自动抛丸除锈机进行除锈。该除锈方法是利用压缩器的压力，连续不断地用钢丸冲击钢构件的表面，把钢材表面的铁锈、油污等杂物清理干净，使钢材露出金属本色的一种除锈方法。这种方法是一种效率高、除锈彻底、比较先进的除锈工艺，除锈等级需达到设计要求的 Sa2.5 级。

10. 油漆涂装

（1）施工准备

1）根据设计图样要求，选用底漆（防锈）、中间漆（防火）及面漆（防腐）。

2）准备除锈机械，涂刷工具。

3）涂装前钢结构、构件已检查验收，并符合设计的除锈要求。

4）防腐涂装作业应具有防火和通风措施，防止火灾和人员中毒事故。

（2）工艺流程

基面清理→底漆涂装→中间漆涂装→面漆涂装。

1）调和防锈漆，控制油漆的黏度、稠度、稀度，兑制时充分搅拌，使油漆色泽、黏度一致。

2）喷第一层底漆时涂刷方向应保持一致，接槎整齐。

3）喷涂底漆时遵循勤移动、短距离的原则。

4）待第一遍干燥后，再喷第二遍，第二遍喷涂方向与第一遍方向垂直，这样会使漆膜厚度均匀一致。

5）喷涂完毕后在构件上按原编号标注。

11. 涂层检查与验收

（1）涂装后处理检查，要求涂装颜色一致，色泽鲜明光亮，不起皱皮，不起疙瘩。

（2）表面涂装施工时和施工后，对涂装过的工作进行保护，防止尘土飞扬和其他杂物沾染。

（3）涂装漆膜厚度的测定，用角点式漆膜测厚仪测定漆膜厚度，漆膜测厚仪一般测定3点厚度，取其平均值。

12. 成品保护

（1）钢结构涂装后加以临时围护隔离，禁止踏踩，损伤涂层。

（2）钢结构涂装后，在 4h 之内遇有大风或下雨时，需加以覆盖，防止沾染尘土和水汽，影响涂层的附着力。

（3）涂装后构件需要运输时，要注意防止磕碰，禁止在地面上拖拉，损坏涂层。

13. 应注意的质量问题

（1）施工图中注明不涂装的部位不应涂装。高强度螺栓连接的摩擦面范围内不得涂装。

（2）涂层作业气温宜在 5～38℃。当气温低于 5℃时，选用相应的低温涂层材料施涂。当温度高于 40℃时，停止涂层作业，或经处理后再进行涂层作业。

（3）当空气湿度大于 85％或构件表面有结露时，不得进行涂层作业，或经处理后再进行涂层作业。

14. 应注意的安全问题

（1）参加网架杆件制作涂装的工人，应该熟知本工种的安全技术操作规程，严禁酒后操作，同时施工现场严禁明火，并按规定配备消防器材。

（2）各种机具必须按使用说明书进行使用和保养，对有人机固定要求的机具，必须专人开机。非持证人员不得随便操作，各种机具严禁超负荷作业。

15. 包装发运

（1）杆件采取打包方式捆扎，并要求捆绑牢固。如图 10-2 所示。

（2）每个打包捆上挂有杆件所在工程名称、杆件数量和编号等。

图 10-2 杆件打包捆扎示意

10.2.3 螺栓球节点制作

螺栓球节点制作工艺流程详见图 10-3。

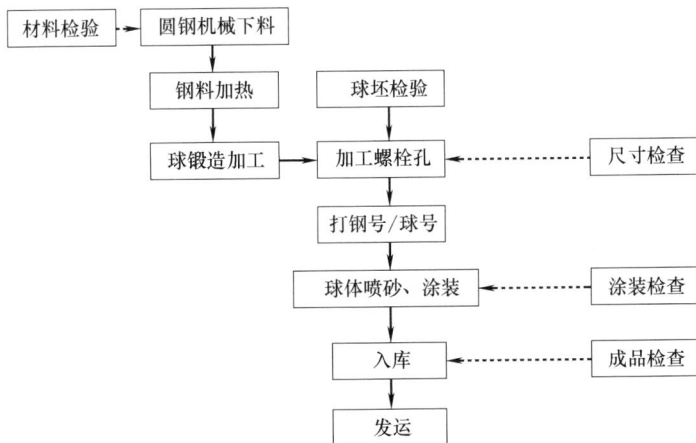

图 10-3 螺栓球节点制作工艺流程

1. 球坯锻造

根据球径大小，选择不同直径的圆钢下料，料块加热，热锻成型，并回火消除内应力。节点螺栓球选用《优质碳素结构钢》GB/T 699—2015 规定的 45 号钢。

2. 螺孔加工

（1）加工基准孔：把球坯夹持在车床卡盘上，按照不同球直径、基准面与球中心线的尺寸关系等要求，在机床导轨上做好基准平面切削标线挡块，然后进行基准平面的车铣加工，再利用机床尾座钻孔、攻丝。基准孔是工件装夹后平面与螺孔一次加工到位。基准螺孔径大部分采用 M20。

（2）加工其他螺孔的平面：球坯利用球基准孔，装夹在铣床分度头上，同时万能铣床的铣头按球孔设计的角度，根据分度刻线分别回转到位，先铣削弦杆孔平面，再铣削腹杆孔平面，孔与孔之间的夹角由计算分度头孔板回转圈数与孔齿数来精确分度定位。球坯一次装夹可全部铣加工所有螺孔的平面。分度头最小刻度为 2°，因此各螺栓孔平面之间的夹角加工精度较高。同一轴线上两铣平面平行度≤0.1mm（D≤120）和≤0.15mm（D＞120）。

（3）对每只球上所有螺孔画线定中心，此过程视作中间检验环节。

（4）螺孔加工：利用铣切的平面与划定的中心来定位，在钻床上钻孔、倒角、攻丝，从而完成球坯上全部螺孔加工。按上述加工工艺可确保螺孔轴线间的夹角偏差不大于±10′，球平面与螺孔轴线垂直度≤0.25r，螺纹精度要求也相应匹配。

（5）对加工好的螺栓球进行螺孔螺纹加工精度与深度、螺孔夹角精度、螺孔内螺纹剪切强度试验等检验与检测，同时按加工图对每只螺栓球做钢印编号标识。

（6）螺栓球坯经过表面抛丸除锈除氧化皮处理后再加工螺纹孔，完成金加工后，表面进行防锈蚀涂装。所用防锈蚀涂装材料、涂装道数、漆膜厚度均按设计指定执行。

（7）漆膜层干固后用塑料塞封闭每个螺孔，封闭前每个螺孔内均加入适量的润滑油脂防螺纹锈蚀，以便于以后安装中螺栓易拧入。

（8）完成全部加工工序，并检验合格的螺栓球，装筐入成品库待发运。

螺栓球制作详见表 10-1。

螺栓球制作表

表 10-1

序号	工序名称	简图示意	工艺说明简述
1	圆钢下料		1. 球节点材质要求为 45 号钢，材料主要为圆钢。 2. 圆钢下料采取锯床机械锯割 圆钢锯床下料

序号	工序名称	简图示意	工艺说明简述
2	钢球初压		1. 首先将圆钢在加热炉中加热至1150～1200℃。 2. 初锻采取高速蒸汽冲床,或油压机＋专用成型模具  油压机
3	球体锻造		1. 球体锻造采取高速蒸汽冲床,配合专用成型模具。 2. 锻造加工温度应控制在800～850℃。 3. 锻造时球体表面不得有微裂纹的产生,同时锻造后的球体表面应均匀顺滑 
4	劈面/工艺孔加工		1. 在专用车床上首先劈出工艺孔平面,然后在该平面上钻出工艺孔。 2. 以工艺孔为基准进行球体的装夹(配置专用夹具)  专用夹具

序号	工序名称	简图示意	工艺说明简述
5	螺栓孔加工	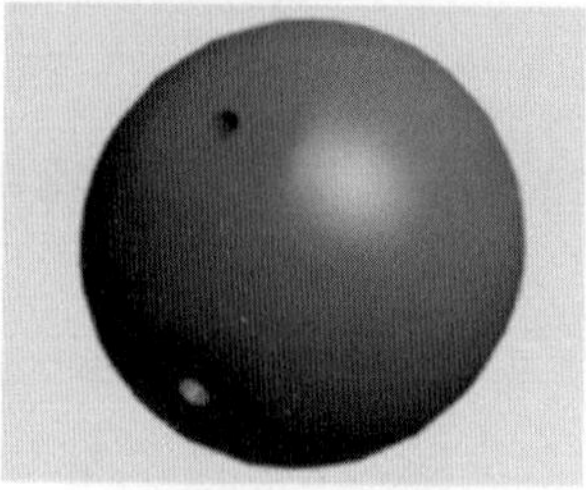	1. 先采用钻头钻出螺栓孔,然后换成丝锥进行内螺纹的攻制。 2. 内螺纹丝锥公差应符合现行国家标准《丝锥螺纹公差》GB/T 968 中的 H4 级
6	标记	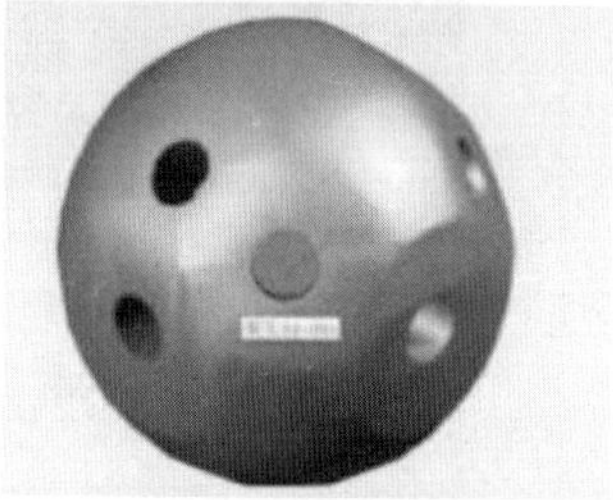	1. 检查螺栓球标记是否齐全。 2. 螺栓球印记要打在基准孔平面上,要有球号、螺纹孔加工工号等,字迹清晰可辨
7	除锈		除锈等级需达到设计要求的 Sa2.5 级
8	油漆涂装	—	1. 球体表面油漆主要采取喷涂方法。 2. 涂装的厚度由干湿膜测厚仪控制并符合设计要求。涂装时应注意避免油漆进入螺纹孔内

10.3 网架的安装与验收

10.3.1 一般规定

《空间网格规程》:

6.1.6 空间网格结构的安装方法,应根据结构的类型、受力和构造特点,在确保质量、安全的前提下,结合进度、经济及施工现场技术条件综合确定。空间网格结构的安装可选用下列方法:

1 高空散装法:适用于全支架拼装的各种类型的空间网格结构,尤其适用于螺栓连接、销轴连接等非焊接连接的结构。并可根据结构特点选用少支架的悬挑拼装施工方法:内扩法(由边支座向中央悬挑拼装)、外扩法(由中央向边支座悬挑拼装)。

2 分条或分块安装法：适用于分割后结构的刚度和受力状况改变较小的空间网格结构。分条或分块的大小应根据起重设备的起重能力确定。

3 滑移法：适用于能设置平行滑轨的各种空间网格结构，尤其适用于必须跨越施工（待安装的屋盖结构下部不允许搭设支架或行走起重机）或场地狭窄、起重运输不便等情况。当空间网格结构为大柱网或平面狭长时，可采用滑架法施工。

4 整体吊装法：适用于中小型空间网格结构，吊装时可在高空平移或旋转就位。

5 整体提升法：适用于各种空间网格结构，结构在地面整体拼装完毕后提升至设计标高、就位。

6 整体顶升法：适用于支点较少的各种空间网格结构。结构在地面整体拼装完毕后顶升至设计标高、就位。

7 折叠展开式整体提升法：适用于柱面网壳结构等。在地面或接近地面的工作平台上折叠拼装，然后将折叠的机构用提升设备提升到设计标高，最后在高空补足原先去掉的杆件，使机构变成结构。

本项目为中小型空间网格结构，故详细介绍整体吊装法，其余方法请读者自行查阅相关资料。

《空间网格规程》：

6.1.7 安装方法确定后，应分别对空间网格结构各吊点反力、竖向位移、杆件内力、提升或顶升时支承柱的稳定性和风载下空间网格结构的水平推力等进行验算，必要时应采取临时加固措施。当空间网格结构分割成条、块状或悬挑法安装时，应对各相应施工工况进行跟踪验算，对有影响的杆件和节点应进行调整。安装用支架或起重设备拆除前应对相应各阶段工况进行结构验算，以选择合理的拆除顺序。

6.1.10 空间网格结构不得在六级及六级以上的风力下进行安装。

6.1.12 空间网格结构宜在安装完毕、形成整体后再进行屋面板及吊挂构件等的安装。

10.3.2 安装

1. 网架安装注意事项

（1）严格控制测量放线尺寸。从土建基础放线到构件制作、拼装、安装都使用已校验好的统一钢尺。

（2）严格控制临时支点的沉降变形不得超过±2mm；对于空中拼装用脚手架及平台还要保持稳定。

（3）地面定位时，将上弦杆、下弦杆和腹杆以不同颜色按图在地面上放足尺寸大样，注明编号、规格。

（4）网架提升中要防止应力集中使杆件变形，必要时应临时加固。

（5）编制合理的上弦杆、下弦杆和腹杆的安放顺序和焊接顺序。

（6）网架在提升时，严格控制支座标高，所有支座最高与最低标高相差不能超过±8mm。

2. 整体吊装法

整体吊装法的特点是：网格结构地面总拼时可以就地与柱错位或在场外进行。当就地与柱错位总拼时，网格结构起升后在空中需要平移或转动 1.0~2.0m 再下降就位。由于柱是穿在结构网格中的，因此凡与柱相连接的梁均应断开，即在网格结构吊装完成后再施工框架梁。而且建筑物在地面以上的结构必须待网格结构制作安装完成后才能进行，不能平行施工。因此，当场地许可时，可在场外地面总拼网格结构，然后用起重机抬吊至建筑物上就位，这样虽解决了室内结构拖延工期的问题，但起重机必须负重行驶较长距离。就地与柱错位总拼的方案适用于拔杆吊装，场外总拼方案适用于履带式、塔式起重机吊装。图 10-4 为多台起重机整体吊装图。

图 10-4 多台起重机整体吊装图

10.3.3 验收

螺栓球网架验收的主要内容和步骤包括以下方面：

（1）材料质量控制：验收螺栓球网架的材料质量是关键。需要检查螺栓球和焊接球的材质证明书、出厂合格证及承载力检测报告，高强度螺栓的材质证明文件和拉伸试验报告。钢材和焊接/涂装材料的追溯文件也应完整，确保所有材料符合规范要求。比如：螺栓球、高强度螺栓、杆件、封板、锥头、套筒等均需提供出厂合格证、材质证明书及检验报告，确保其品种、规格、性能符合设计要求和国家标准。

（2）结构性能验证：对网架的结构性能进行验证，包括杆件承载验证、钢管与封板/锥头组合件的实验室压力测试、活动/滑动支座的型式试验报告等。这些测试确保网架的结构性能符合设计要求。

（3）工艺控制体系：焊接质量是网架验收的重要环节。焊工资质、焊缝质量的外观检测、超声波或射线探伤等都需要严格把关。焊缝质量的三级检验记录（外观检测、UT 探伤报告、验收台账）确保焊接质量达标。

（4）工程验收标准：网架的几何尺寸如跨度、标高、起拱值等需要进行全数检验记录。此外，防护工程的防腐涂层与防火涂层的分层检验记录也是验收的重要部分。

（5）节点检查：对螺栓球网架的节点进行检查，包括连接板的平面度、螺栓的拧紧性、焊缝的缺陷等。使用扭矩扳手对螺栓的拧紧性进行复诊，确保高强度螺栓连接牢固。

焊缝的缺陷如裂痕、气孔、未焊透等需要通过超声探伤或放射线探测器进行检测。

（6）几何尺寸测量：测量网架的关键尺寸和形状，确保其符合设计要求，避免因变形导致的应力集中。这包括对螺栓球直径、圆度、螺纹尺寸等的检查，确保其符合国家标准和设计要求。

具体检测内容：

（1）高强度螺栓验收

螺纹长度：根据规范要求，高强度螺栓拧入螺栓球内的螺纹长度应≥1.1d（详见《钢结构工程施工规范》GB 50755—2012 7.4.14 条）。

螺栓性能：需进行拉力载荷或表面硬度试验，8.8 级螺栓表面硬度应为 HRC21～29，10.9 级为 HRC32～36，且不得有裂纹或损伤。

（2）螺栓球节点检查

表面缺陷：抽查 5% 的螺栓球（不少于 5 只），使用 10 倍放大镜或磁粉探伤检查，严禁出现过烧、裂纹、褶皱等缺陷。

螺孔抗拉强度：对最大螺孔进行抗拉强度检验，以螺栓螺纹被剪断时的荷载作为极限承载力，检验批按 600 只/组随机抽检。

（3）高强度螺栓紧固

压杆连接处严禁存在间隙或松动，所有螺栓需逐一检查是否拧紧，避免"假拧"现象。

螺栓与球的配合公差需符合《普通螺纹 基本尺寸》GB/T 196—2025（粗牙螺纹）和《普通螺纹 公差》GB/T 197—2018（6H 级精度）的要求。

（4）焊接质量检测

焊缝需进行超声波探伤，根据《钢结构施工质量验收标准》GB 50205—2020，质量等级不低于二级标准，二级焊缝的抽检比例为 20%。检测结果需达到 B 级检验的 Ⅲ 级合格（即允许存在少量不影响结构安全的缺陷）。

焊缝表面不得有裂纹、气孔、夹渣等缺陷，一级焊缝还需避免咬边和根部收缩。

（5）几何尺寸偏差

螺栓球加工：圆度偏差≤1.5mm（d≤120mm）或≤2.5mm（d＞120mm）；相邻螺栓孔中心线夹角偏差≤±30′。

杆件加工：长度偏差±1.0mm，端面垂直度≤0.005r，管口曲线偏差≤1mm。

（6）结构安装偏差

纵横向边长：允许偏差为长度的 1/2000 且≤30mm；中心偏移≤跨度的 1/3000 且≤30mm。

高度偏差：周边支承网架相邻点高度差≤15mm，整体最高与最低点差≤30mm；多点支承网架相邻点差≤30mm。

（7）挠度测量

实测挠度平均值需≤设计值的 15%，观测点设置需覆盖下弦中央及四分点处（大跨度网架），并记录挠度曲线。

参 考 文 献

[1] 中华人民共和国住房和城乡建设部. 建筑结构可靠性设计统一标准 GB 50068—2018 [S]. 北京：中国建筑工业出版社，2018.

[2] 中华人民共和国住房和城乡建设部，中华人民共和国国家质量监督检验检疫总局. 建筑结构荷载规范 GB 50009—2012 [S]. 北京：中国建筑工业出版社，2012.

[3] 中华人民共和国住房和城乡建设部. 建筑抗震设计标准 GB 50011—2010（2024 年版）[S]. 北京：中国建筑工业出版社，2024.

[4] 中华人民共和国住房和城乡建设部. 空间网格结构技术规程 JGJ 7—2010 [S]. 北京：中国建筑工业出版社，2010.

[5] 张毅刚，薛素铎，杨庆山，等. 大跨空间结构（第 2 版）[M]. 北京：机械工业出版社，2014.

[6] 但泽义. 钢结构设计手册（第四版）[M]. 北京：中国建筑工业出版社，2019.

[7] 中华人民共和国住房和城乡建设部，中华人民共和国国家质量监督检验检疫总局. 钢结构设计标准 GB 50017—2017 [S]. 北京：中国建筑工业出版社，2017.

[8] 国家市场监督管理总局，国家标准化管理委员会. 钢结构防火涂料 GB 14907—2018 [S]. 北京：中国标准出版社，2018.

[9] 中华人民共和国住房和城乡建设部，中华人民共和国国家质量监督检验检疫总局. 建筑钢结构防火技术规范 GB 51249—2017 [S]. 北京：中国计划出版社，2017.

[10] 中华人民共和国住房和城乡建设部，中华人民共和国国家质量监督检验检疫总局. 建筑设计防火规范 GB 50016—2014（2018 版）[S]. 北京：中国计划出版社，2018.

[11] 国家市场监督管理总局，国家标准化管理委员会. 空间网格结构球型节点技术要求 GB/T 44534—2024 [S]. 北京：中国标准出版社，2024.

[12] 李星荣，秦斌. 钢结构连接节点设计手册（第四版）[M]. 北京：中国建筑工业出版社，2019.

[13] 王秀丽. 大跨度空间结构 [M]. 北京：化学工业出版社，2017.

[14] 赵鹏飞. 空间网格结构技术规程理解与应用 [M]. 北京：中国建筑工业出版社，2013.

[15] 赵峥. 网格结构工程设计与施工 [M]. 北京：中国建筑工业出版社，2016.